用科学拯救地球

MAX THE DEMON
VS
ENTROPY OF DOOM

麦克斯阻止世界末日

麦克斯韦妖的史诗般的任务：

直面热力学第二定律并从环境灾难中拯救地球

原著：阿萨·奥尔巴契
配图：理查德·科多
原著编辑：拉里·哈马
填色：普伦蒂斯·劳林斯
翻译：张圣杰　田春璐

中国華僑出版社
·北京·

图书在版编目（CIP）数据

用科学拯救地球：麦克斯阻止世界末日 / (美) 阿萨·奥尔巴契著；(美) 理查德·科多绘；张圣杰，田春璐译. —北京：中国华侨出版社，2020. 4

ISBN 978-7-5113-8127-9

Ⅰ. ①用… Ⅱ. ①阿… ②理… ③张… ④田… Ⅲ. ①热力学—普及读物 Ⅳ. ①O414-49

中国版本图书馆CIP数据核字（2019）第273708号

●用科学拯救地球：麦克斯阻止世界末日

著　　者 / ［美］阿萨·奥尔巴契
绘　　者 / ［美］理查德·科多
译　　者 / 张圣杰　田春璐
责任编辑 / 高文喆　桑梦娟
经　　销 / 新华书店
开　　本 / 889毫米×1194毫米　1/16　印张/ 8.5　字数/ 125千字
印　　刷 / 河北鸿祥信彩印刷有限公司
版　　次 / 2020年4月第1版　2020年4月第1次印刷
书　　号 / ISBN 978-7-5113-8127-9
定　　价 / 68.00元

著作权合同登记号　图字：01-2020-0738号

中国华侨出版社　北京市朝阳区西坝河东里77号楼底商5号　邮编：100028
法律顾问：陈鹰律师事务所
发行部：（010）64443051　传　真：（010）64439708
网　址：www.oveaschin.com　E-mail：oveaschin@sina.com

很多很多年以前，詹姆斯·克拉克·麦克斯韦，
一位出生于苏格兰的天才物理学家，
他构想出一个可以破坏热力学第二定律的生物。
而麦克斯韦想不到的是，
有一天他构想出的这个小妖会被召唤出来拯救世界……

*热力学第二定律讲的是：对于和外界没有相互作用的系统，热量只能自发从高温物体流向低温物体，且熵只能逐步增加。

序言

银河系中心的黑洞

在黑洞内部……
塔吉尼亚银河系总部

叮-叮-当-当-咣-咣
九个球全部打入中袋……耶！
好样的麦克斯，但这并不能让你就此通过比奥先生关于熵的测试。
熵？是物理概念吗？
是的，也许我可以帮你理解它。

好啊。嘿！
你是谁？

我是朱莉。我在地球上通过虚拟影像和你对话。

原来你是全息图像啊。嘿嘿。
你先别说话！你能先听我说两句吗？

熵是一种无序、混乱、繁杂、随机性的……
等等，等等。我根本听不懂你在说什么。

我来给你举个例子。
什么例子？

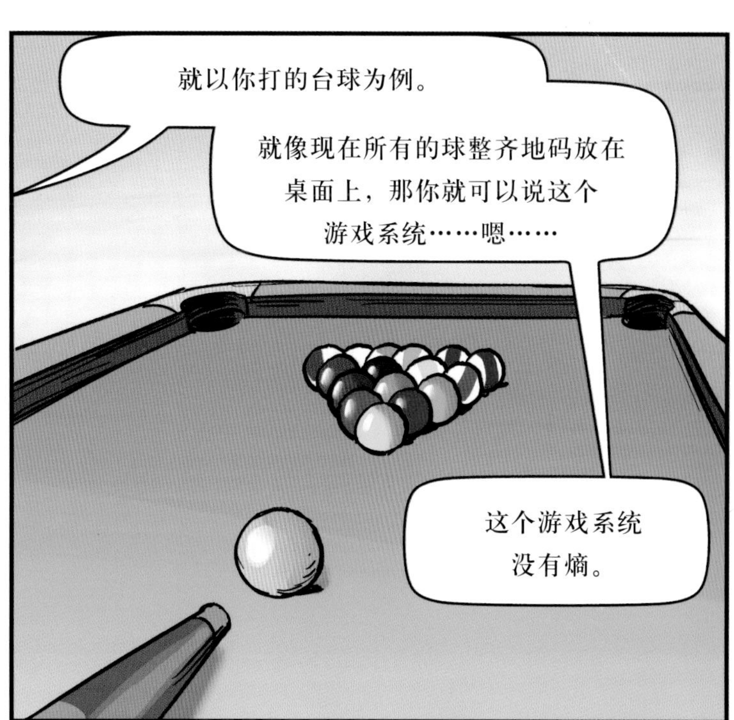
就以你打的台球为例。
就像现在所有的球整齐地码放在桌面上，那你就可以说这个游戏系统……嗯……
这个游戏系统没有熵。

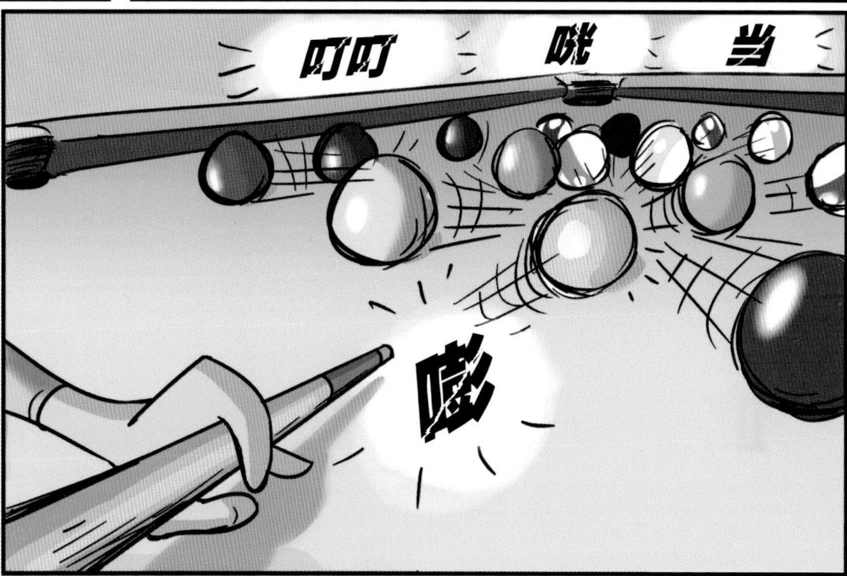
叮叮
咣
当
嘭

快看，这些球跑得到处都是，它们正在往各个方向移动。
这时候，你的游戏系统里就有很多熵了，明白吗？

这些台球让我想到了我经常看到的一些东西。嗯……
你可以说说看吗？
这有点令人难为情。

你知道的，我的视网膜有特殊的显像能力，所以比奥先生帮我制造了这副眼镜，它具有**微观显示功能**。
当我按下这个按钮……

我就能看到
原子！

太厉害了！
它们长什么样儿？

咖啡中的原子看起来就像是微小的台球……
热咖啡

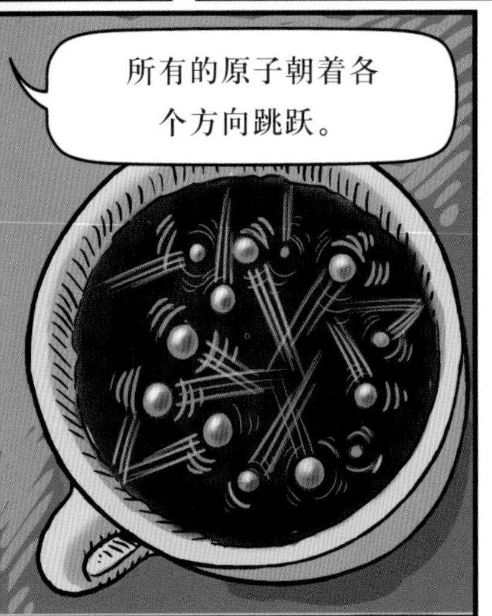
所有的原子朝着各个方向跳跃。

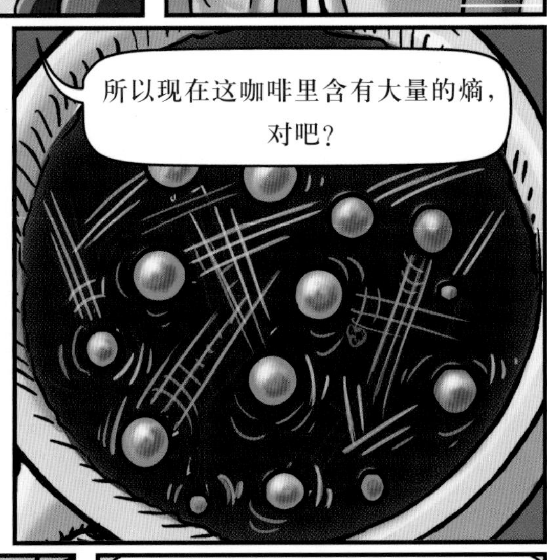
所以现在这咖啡里含有大量的熵，对吧？

我在你的冰红茶里也看到了原子，但是它们的移动速度就慢多了。
冰红茶

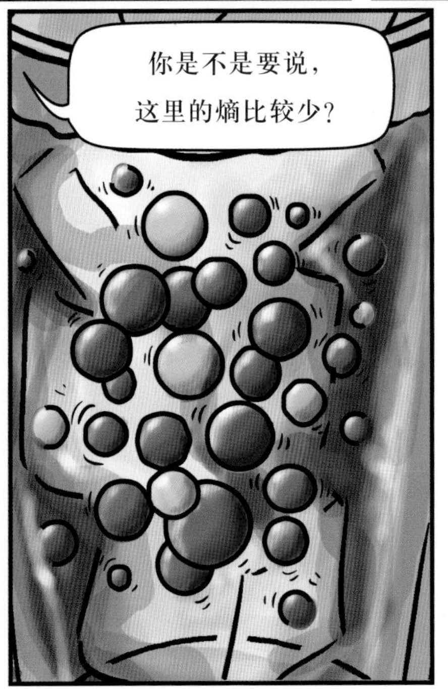
你是不是要说，这里的熵比较少？

太棒了，你真的可以看到原子啊！我太佩服你了！快听，是什么声音？
咣！
嘭！
咚！
当！

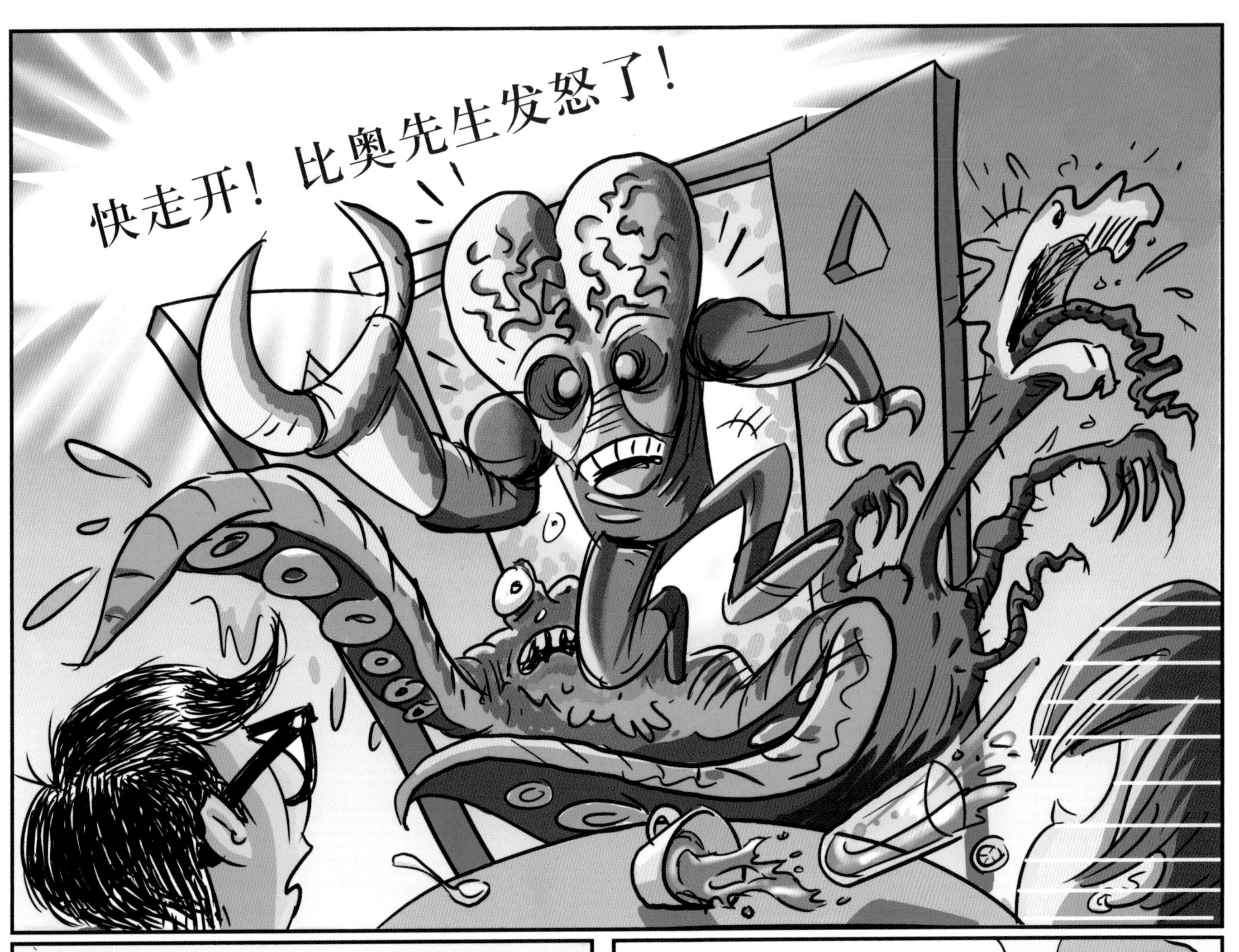
快走开！比奥先生发怒了！

他在哪儿？
在瞭望台。
快跑！

走，去看看究竟怎么回事。
咱们可以从后门进去。

我们可是警告
过你们了。
你们会
后悔的！

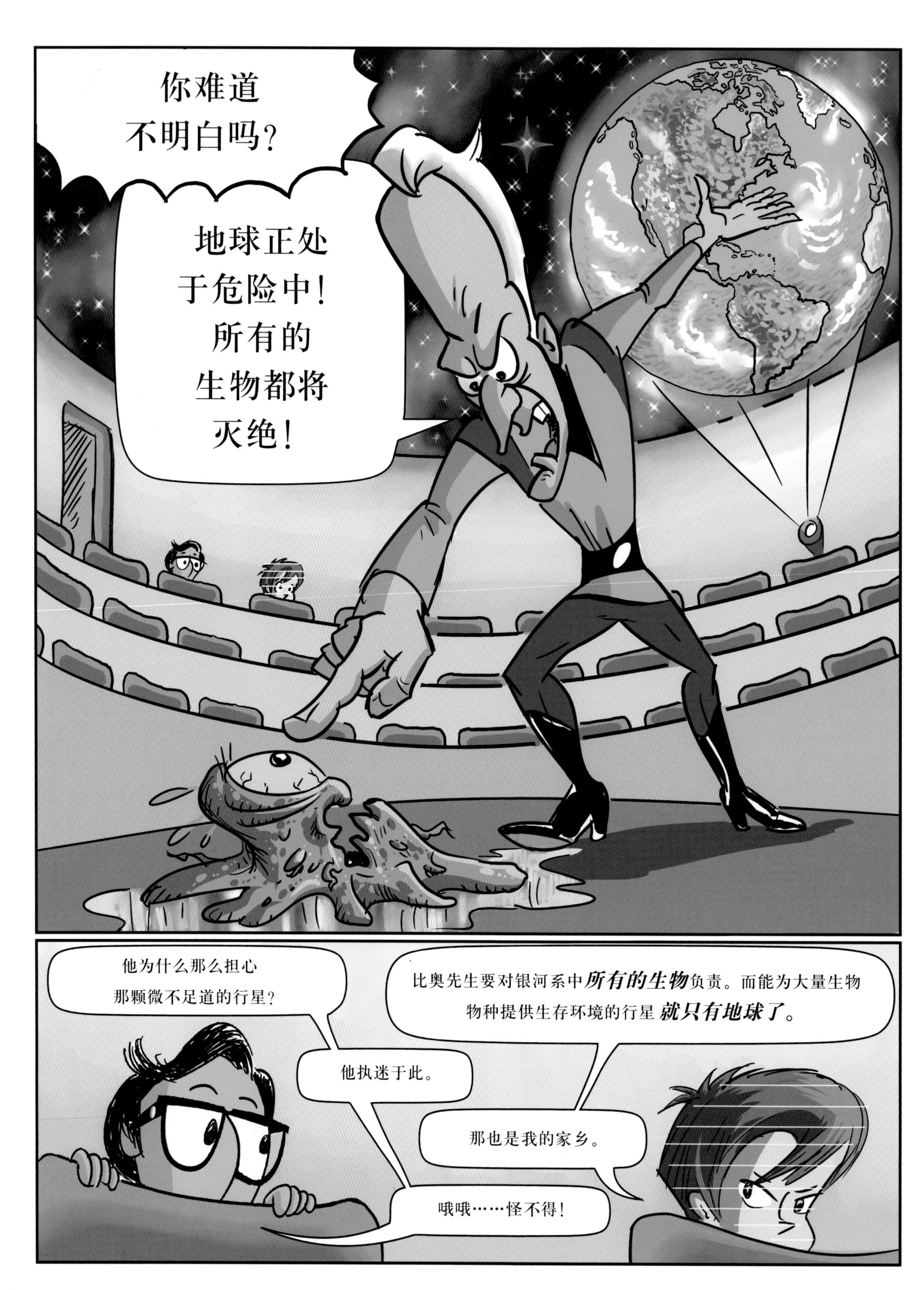
你难道
不明白吗？
地球正处于危险中！所有的生物都将灭绝！
他为什么那么担心那颗微不足道的行星？
比奥先生要对银河系中**所有的生物**负责。而能为大量生物物种提供生存环境的行星**就只有地球了**。
他执迷于此。
那也是我的家乡。
哦哦……怪不得！

地球的大气温度正在
不受控制地上升。
整个大气层正在被各种因素
摧毁着!

森林
火灾
污染
燃烧化
石燃料
CO_2浓度
上升

我爱那个星球。不能再这样下
去了，必须采取严厉措施。到底
是谁在那里进行大肆破坏?

主要是人类。
你是不是
人类?
某种意义上
是的。

这也太可怕了！你们到底做了什么？
好吧，我们确实养成了一些非常浪费的习惯，比如燃烧大量的**化石燃料**。
燃料产生的废气通过温室效应使大气温度越来越高。
温室？
废气就像是盖在大气层上的一条毯子。
会阻碍地球向宇宙中散发热量，使其变得像温室一样。
由于这层废气毯的存在，大气温度变得越来越高。温度升高最终会导致我们无法生存！
也就是说，你们快要完蛋了。
对我的这颗蓝色星球来说这实在太可怕了！

我们可不可以派一位超级英雄去解决这个问题呢？
馊主意！之前我们派去的超级英雄都在滥用他们的超能力。他们不仅插手人类事务，甚至还激发了大量的狂热追随者。污染反而加重了！
我已经受够他们了！

这次我一定要派去一个与众不同的人。
这个人虽然为人低调，没有什么超能力，但是他拥有强大的精神力量。
这个人不会公然违反物理定律。

这个人会告诉人类阻止气候变暖和降低熵的方法。
我们的新英雄将会是一个……

小妖！

什么！是小妖？它是好的，还是坏的？
小妖通常是坏的。

但也许他在说一个好的小妖。我该走了，期待下次再见。拜拜了，麦克斯……

等一等！多告诉我点儿关于熵的知识吧！

就是你，
麦克斯。
你将成为新的超级英雄！
你就是被选中的
小妖！
额……我？
天哪！

第一章

现 在

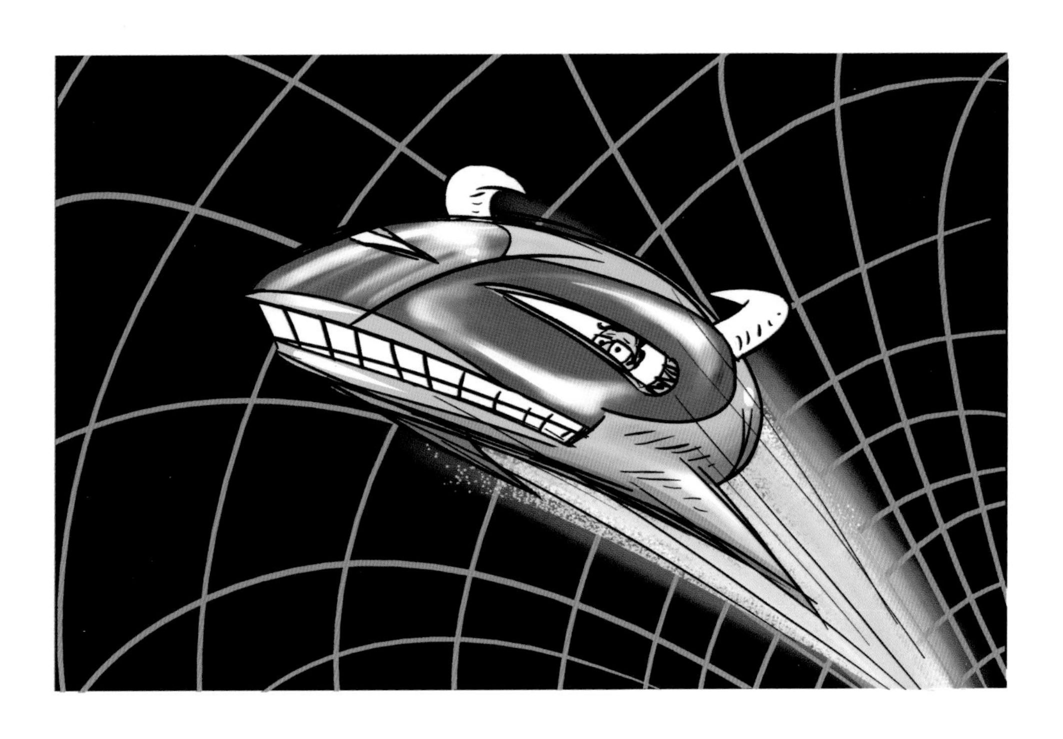

麦克斯前往地球

麦克斯！

你的使命是从*过度产生的熵*中拯救地球。

首先，你必须学习关于*热力学*的基础知识。
接下来你就能理解你的使命了。

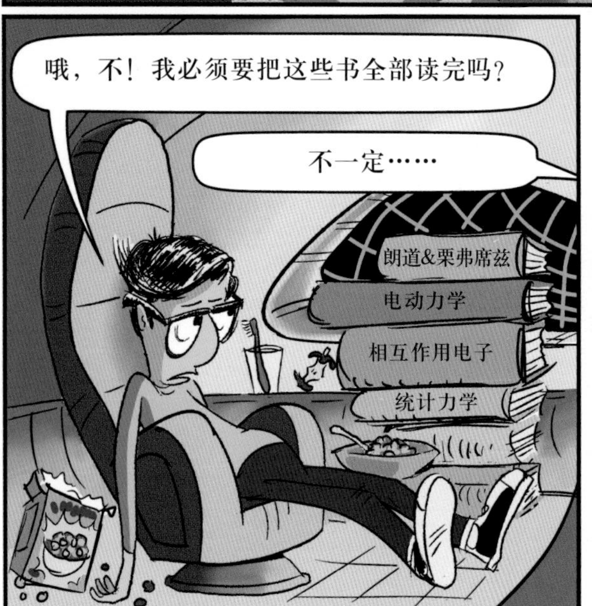
哦，不！我必须要把这些书全部读完吗？
不一定……
朗道&栗弗席兹
电动力学
相互作用电子
统计力学

我们的代理人，**朱莉·卡洛蕾**，将会带你去拜见一些物理学史上的大人物。
仔细听他们讲的话，你会学到很多。
只要朱莉也在那里……

除此之外，
还有一个你必须遵守的原则！

尽管这些物理定律并没有在塔吉尼亚使用，但你绝对不能在地球的公众视野之下让定律失效！清楚了吗？
遵命！

祝你好运，
出发吧。

警告：
你正在穿越
视界面
视
界
面

从现在开始，
我要开始执
行任务了。
警告：
你正在穿越
地球大气层

警告：
你正在穿越
地球大气层

麦斯科技大学
停车场

卡洛蕾教授

麦斯科技大学
物理实验室

&*#%!
$*%@!

滚回你老板那儿去，你这个财迷！

你根本不关心环境问题！不要再让我听到你的声音！

好，你自己做去吧。没有我们的资金支持，你的想法压根儿实现不了。你仅凭着在学术期刊上发表论文是救不了任何人的！

而我会实实在在地影响这个世界。再见，朱莉！

麦克斯！你来啦！很抱歉！让你听到了我和我前男友约翰尼的争吵。

没有他的参与反而更好。让我们赶快开始你的任务吧。跟我到密室来。
我们这是要去哪里？

我会用时光机把你
送回1799年。
塔吉尼亚制造
专利申请中

你的第一堂课是
关于**能量守恒**的。
马萨诸塞州
沃本 1799

能量？那
是什么？

一会儿你就
知道了。

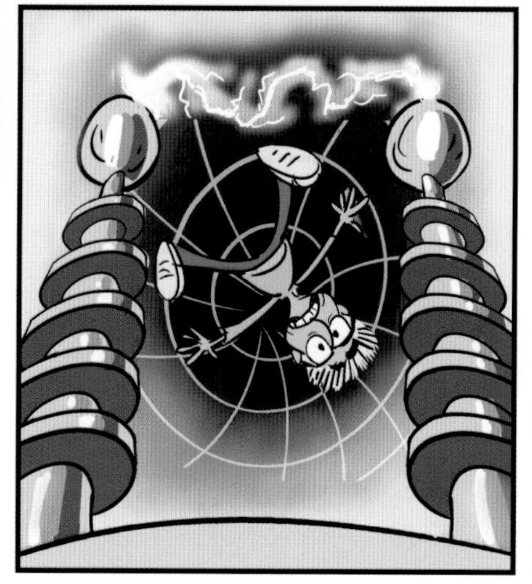

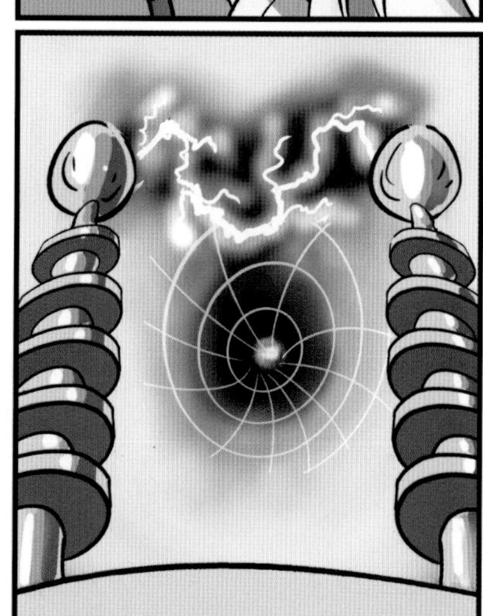

第二章

马萨诸塞州沃本，
1799

拉姆福德游乐园

我猜你就是麦克斯吧……
呃……你是谁啊?

我是本杰明·汤普森。拉姆福德伯爵很高兴为您效劳。

欢迎来到马萨诸塞州沃本。
拉姆福德伯爵
的游乐场
能量是守恒的
始于
1773

旋转木马
角动量
哇哦！这个地方真是棒极了！都是些什么？
海盗船
受迫摆

只是一个普通的游乐场，不过这里是物理学家的乐园。
长胡子的女人
反例
命运之轮
蒙特卡罗模拟

记住，你在这里看到的所有东西都是**能量守恒**的。
能量？！

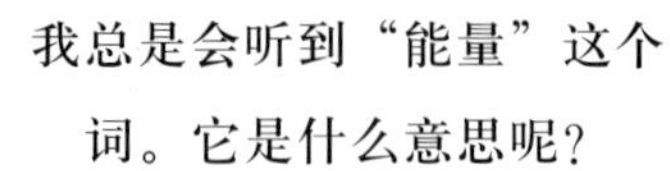
我总是会听到“能量”这个词。它是什么意思呢？

每个物体都带有能量。这就像人身上带的钱一样。我们用焦耳作为单位来衡量能量的多少，
1焦耳
焦耳
我们相信牛顿

尽管也可以用其他的单位来衡量。
尔格
瓦特－小时
卡路里
焦耳

能量具有不同的形式。比如，它可以表现为动能。而只有运动物体才有动能。

现在看我的：我要给这个棒球施加一些动能……

动能的大小是物体的质量乘以速率大小的平方再乘以二分之一。
球的质量
=1千克
速率=
40米/秒
800
焦耳
1/2 × 1KG × (40M/S × 40M/S) =800J

一个物体可以用它的动能做什么呢？
一个物体可以把它的动能传递给另外一个物体——就像把钱给别人一样。
现在让我们来兜个风……

碰碰车！

嘿哟！
祝你们玩得开心！

我的动能是250焦耳，你的动能是50焦耳。我们的总动能是300焦耳。
50焦耳
250焦耳

快看发生了什么！
200焦耳

耶！我现在跑得更快了。你刚刚给了我很多动能！多谢！
我现在只有50焦耳的动能，我的速度变慢了。但是，我们的总动能依然是300焦耳。
250
焦耳
50
焦耳

你看，我们的
总能量是守恒的。

还有其他形式的能量吗？
当然，还有一种叫势能的能量。
它可以让物体动起来。

我们可以利用势能兜风吗？
不是我们，而是我自己。

我要去获取一些势能。
你要去哪里？

拉姆福德的质量=80千克
我的势能大约是10乘以我的质量再乘以平台的高度，也就是4000焦耳。
高度=5米
10×80KG×5M =4000J
势能=4000焦耳 动能=0焦耳
总能量=4000焦耳
现在我所有的势能都转化成了动能。
势能=0焦耳 动能=4000焦耳
总能量=4000焦耳
而现在，我重新得到了我的全部势能！但总能量一直都是4000焦耳，它是守恒的。
势能=4000焦耳 动能=0焦耳
总能量=4000焦耳

你要来一杯清凉的柠檬水吗，麦克斯？
叶尔德
柠檬水

嘭！！！
什么
动静？

咻！！！
飞行的人体大炮！
他从爆炸的火药中获取动能。
你看，那是因为炸药里储存了大量的势能。
他是怎么
做到的？

看这里，炸药中的化学
反应就像这个玩具。

啊！

自己拿些糖果吃吧，
麦克斯。

什么是“大卡”？
朱庇特糖
500大卡

500大卡的能量大约相当于200万焦耳……
这颗糖果包含的化学能可以将1吨的物体升至大约213米的高空中……
很不可思议，对吧？
1吨
213米
叮
朱庇
500
特糖
大卡

我把它吃掉会
怎么样呢？

很不幸，只有很小一部
分能量会转化成储存
在你肌肉里的能量。

剩下的会转化成脂肪储存在你的
身体里，用来维持你的生命。
那我应该注
意饮食了。

看，刚才的人体炮弹正
在那里休息！？
他的动能怎么消失了呢？

问得好……

让我们来坐一次
过山车吧……

算上这辆车，我们的总质量大约200千克，现在我们所处的高度大约20米。
因此，我们的势能大约40000焦耳。

让我们开始吧！

啊！我们会死掉的！停下！停下！

*好烫！*我的手指烫伤了。你为什么让我摸它？

这正是动能的去处。你可以理解为刹车里的热量就是损失的能量。

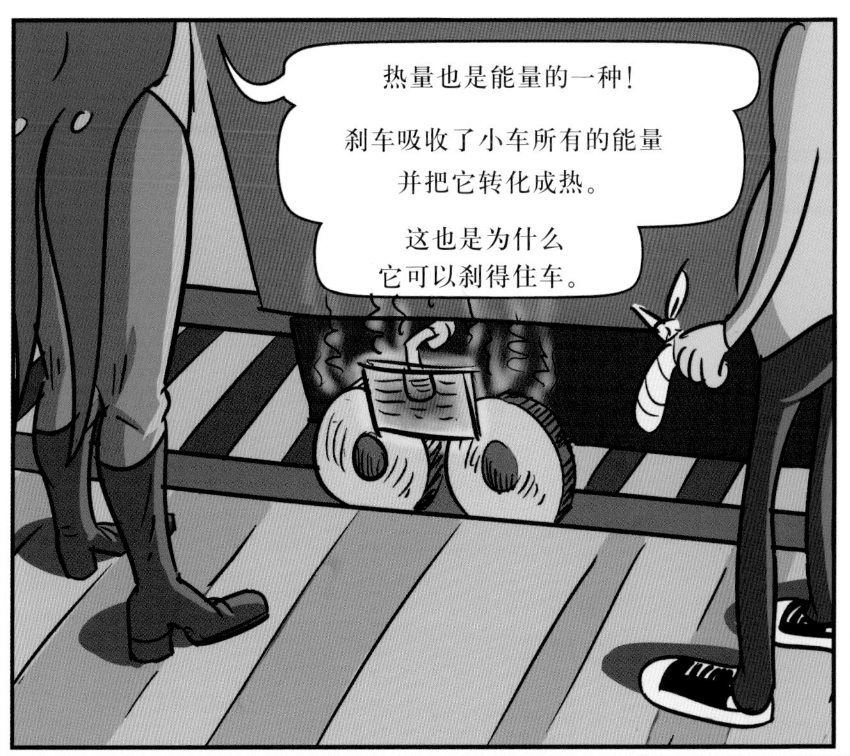
热量也是能量的一种！
刹车吸收了小车所有的能量
并把它转化成热。
这也是为什么
它可以刹得住车。

这是我在1798年
发现的规律。

当时，我正在工厂监督大炮的生产，在那里
我有时间研究一些物理问题。

我对一门大炮钻孔需要花费
的能量进行了测算。
大炮浸没在水中。

我仔细测量有多少水是由于钻孔
所产生的热量而沸腾的。
接着我发现，被汽化的水量和
钻孔所消耗的能量成正比。
因此，我得出这样
一个结论：热量实际
上是另一种形式的
能量，在整个过程中
能量并没有消失。
后来这就成为了大家所熟知的：
热力学第一定律：
能量是守恒的

在我生活的年代，科学
家们都认同一个愚蠢的
观点，他们认为热量是
“热质流”。而我的实
验否定了这一谬论。
热质流

刹车是怎样加热小车的
轮子的呢？还有……
热量又是哪种形
式的能量呢？

麦克斯，你的好奇心很强啊！
热量和原子的运动是有关联的。
然而，原子的概念在我的研究之后很久才提出。
命运之轮
来和鲍勃掰手腕
长胡子的女人反例
你能产生多大的力矩？

你将要从萨迪·卡诺那里学习关于热量的知识。
他会在巴黎等你的，而且是在厨房里。

他们号称：
“如果你觉得太热，那就从厨房里出来。”
保重啦。
巴黎 1832

1802
贝多芬的《月光奏鸣曲》
1803
拿破仑皇帝
到目前为止，一切顺利。

我认为能量守恒和热力学第一定律对麦克斯来说都不是太难。
让我们看看他如何掌握关于热量的知识吧。

至少在巴黎他可以吃到美味的羊角面包。这点我倒是有点嫉妒他。
1815
滑铁卢战役
麦克斯会发现第二定律非常有趣。

第三章

巴黎，1832

卡诺的厨房

这一定
就是我要找
的地方了。
46

卡诺
当当当

你好，麦克斯先生。我是尼古拉·莱昂纳尔·萨迪·卡诺。
巴黎综合
理工学院学位
天才队长

欢迎来到我的厨房，让我来为你展示什么是热的、什么不是热的。

这个闻起来不错啊。我都有些饿了，菜单上有什么好吃的吗？

菜单上有物质的三种形态，请看……
气体
固体
液体

让我们从气体开始。它可是很热的。你可以用你那特殊的眼镜看一看这些水蒸气。

我看到了水分子正以各种方式高速运动。
引起这种杂乱无章的运动的能量就是热量。

现在，作为对比，你再看一看这块冰块儿。

看一看原子是如何被限制在固定位置上的——这也是冰块儿这个固体形成的原因。
它们确实被固定在一起，但是它们还是会轻微地振动啊。
即使是冰块儿，它也并没有完全冷冻住。

现在再看看我美味的汤，快看！
液体内的分子同样在到处移动。但是，它们彼此之间比在气体中离得更近。

是什么造成了这种杂乱的运动？

快来看！
看我搅拌这些面糊。

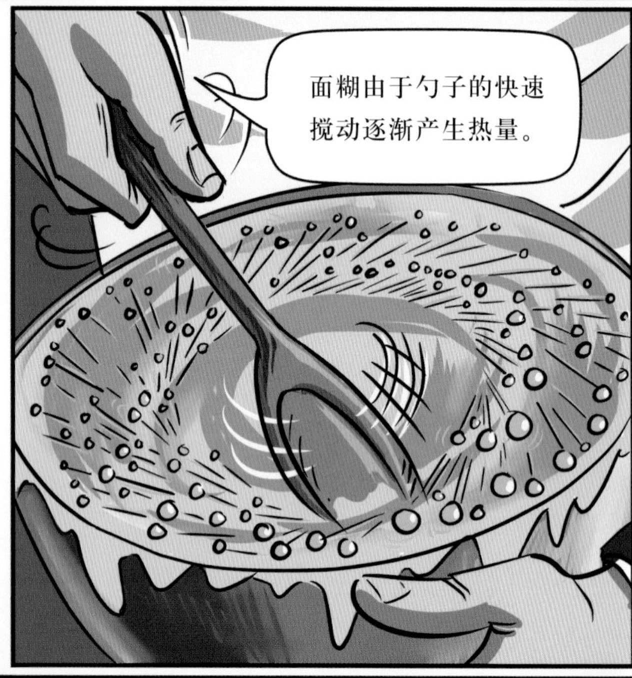
面糊由于勺子的快速搅动逐渐产生热量。

摩擦力就是这样起作用的：一个巨大的物体在大量微小粒子中运动并在它们之间产生热量。

热量又是如何从一个物体传递到另一个物体的呢？

好的！你来观察一下热量是如何从汤里转移到这个冰块中的。

F
C
扑通

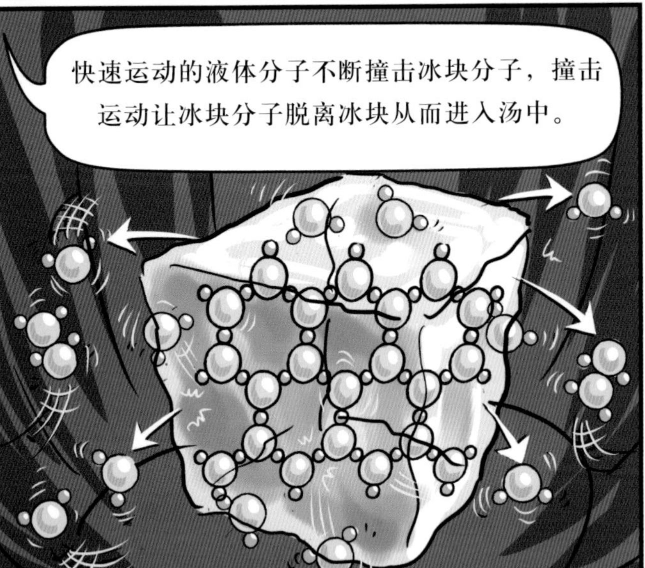
快速运动的液体分子不断撞击冰块分子，撞击运动让冰块分子脱离冰块从而进入汤中。

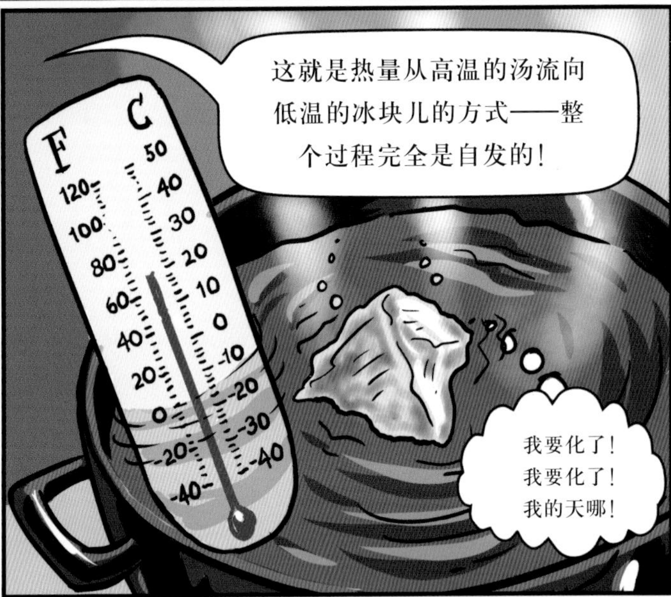
这就是热量从高温的汤流向低温的冰块儿的方式——整个过程完全是自发的！
我要化了！
我要化了！
我的天哪！

热力学第二定律：
热量自发地从高温物体流向低温物体
这可是一个基础定律。

嗯，
但是……
对于这个时代来说，这已经足够了。请坐下来尝一尝我做的黑椒牛排。

谢谢，我还以为你不会招待我呢。
请慢用。

你说，如果不考虑外界的影响，热（快）粒子撞击冷（慢）粒子，并且将能量传递给它们，对吧？
是的，是这样。
热
冷

为什么不能以其他方式运行呢？
没有什么会阻止一个运动缓慢的粒子撞击运动迅速的粒子并将能量传递给它。
热
冷

就像这些豆子一样。
慢

快
慢

看到没，一个运动缓慢的豆子向运动迅速的豆子传递了能量。
更快
更慢

如果就像拉姆福德说的，能量跟金钱一样，那么，穷人也可以给富人5法郎，对吗？
当然，这种情况经常发生。

那么问题来了，为什么热量不能从低温物体流向高温物体呢？
金属棒
冰块
火

这是我听过的最荒谬的想法了！
为什么？

如果我觉得冷，我可以靠近火炉
让自己暖起来，对吧？

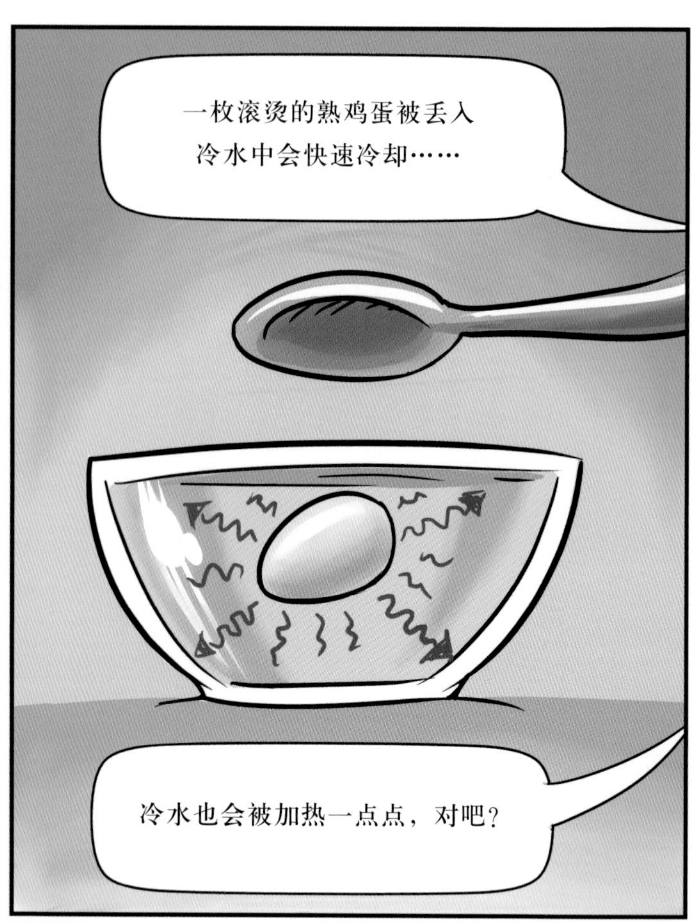
一枚滚烫的熟鸡蛋被丢入
冷水中会快速冷却……
冷水也会被加热一点点，对吧？

放入汤里的冰块……你能看到它逐渐变
小、融化，汤也慢慢冷却下来，对吧？
要我说，这是多
么的荒谬！
但是，如果热量的流动方向反过来，那么，
汤会变得越来越烫，冰块不仅不会融化，反而
体积会越来越大。你能想象这样的场景吗？

我还是不能理解。如果通过碰撞可以将慢速粒子的能量传递给快速粒子。那究竟为什么热量不能从低温物体流向高温物体呢？
这真是一个难题。我想我恐怕无法证明第二定律为什么是对的。
但是，别担心！你要拜访的下一位物理学家是伟大的路德维希·玻尔兹曼教授。我保证他一定可以回答你的问题。
我已经把我会的都教给你了。
维也纳
1898

好的，谢谢！
再见，我的朋友！
哦，不！怎么又是时光旅行。再见！

再会啦！
要是我的同伴也像麦克斯一样充满好奇心就好了。
论火的动力
萨迪·卡诺著

麦克斯失联了！
塔吉尼亚银河系总部

1843：
焦耳：热功当量
1851：
开尔文勋爵：
绝对零度
他竟然敢向热力学的创始人卡诺提出如此无礼的问题！

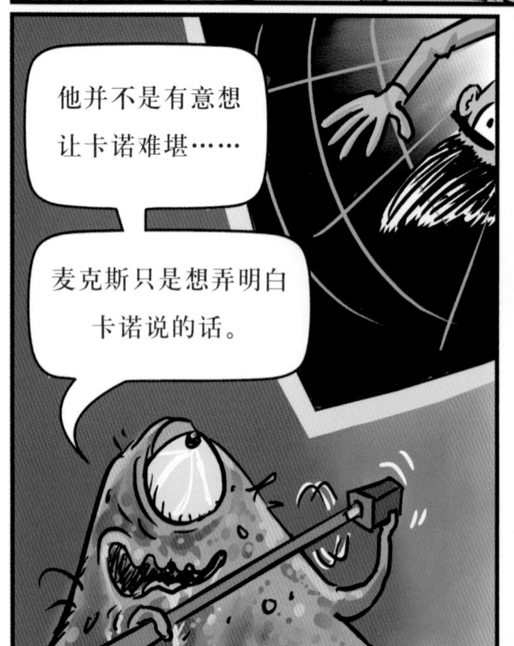
他并不是有意想让卡诺难堪……
麦克斯只是想弄明白卡诺说的话。

玻尔兹曼会直接向麦克斯解释清楚的。他是真正诠释热力学第二定律的人。
我们继续？

我觉得我今天绝对可以打赢比奥先生！

嘭嘭嘭……
WHOOOSH
WHOOOSH
WHOOOSH
WHOOOSH
WHOOOSH
WHOOOSH
WHOOOSH
WHOOOSH

1861
麦克斯
方程组

第四章

维也纳，1898

玻尔兹曼的概率游戏

嘭

你好，麦克斯。是我呀，朱莉·卡洛蕾。

我一定是在做梦。

玻尔兹曼教授，麦克斯来了，他想向您请教一些问题。
新闻
居里 铀
首座自动化工厂
我控诉
埃米尔．左拉

打扰了，教授，我对热力学第二定律感到非常困惑。

哦，这样啊！卡诺没有告诉你热力学第二定律不是一条确定性的定律……
它是一条统计定律！

这是什么意思？

一条确定性的定律会告诉我们一定会发生的现象，比如说……

只要我这样把我的杯子扔出去……

我就一定可以击中那个花瓶。
这是因为力学定律是确定性的。

那什么是统计定律呢？
别急，听我说。
你敢赌一把吗？

不不，我
害怕冒险。

这样可不好。当我们
不知道该怎么办时……
我们通常就会赌一把。
是正面还是反面？

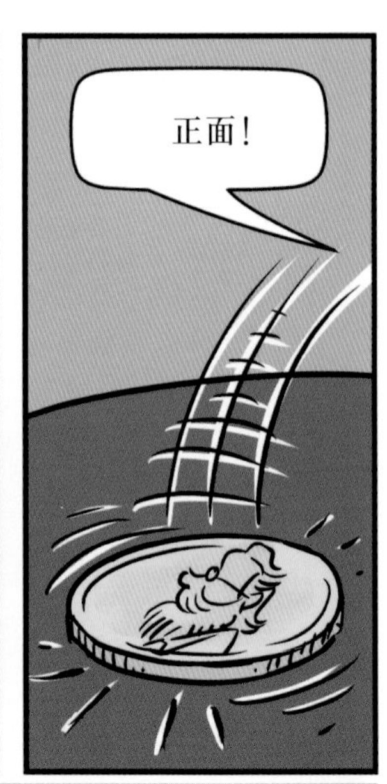
正面！

亲爱的朱莉女士，
请把这枚硬币正
面朝上摆放。
让我们看看下一枚
硬币哪一面朝上……

又是正面！
打赌看起来并不科学……
哦不，你错了，让
我们继续……

最后，很大程度上天平
两端会达成平衡。
这就是一条
统计定律！
反面！

所以，统计定律告诉我们
可能会发生什么，而不是
一定会发生什么。

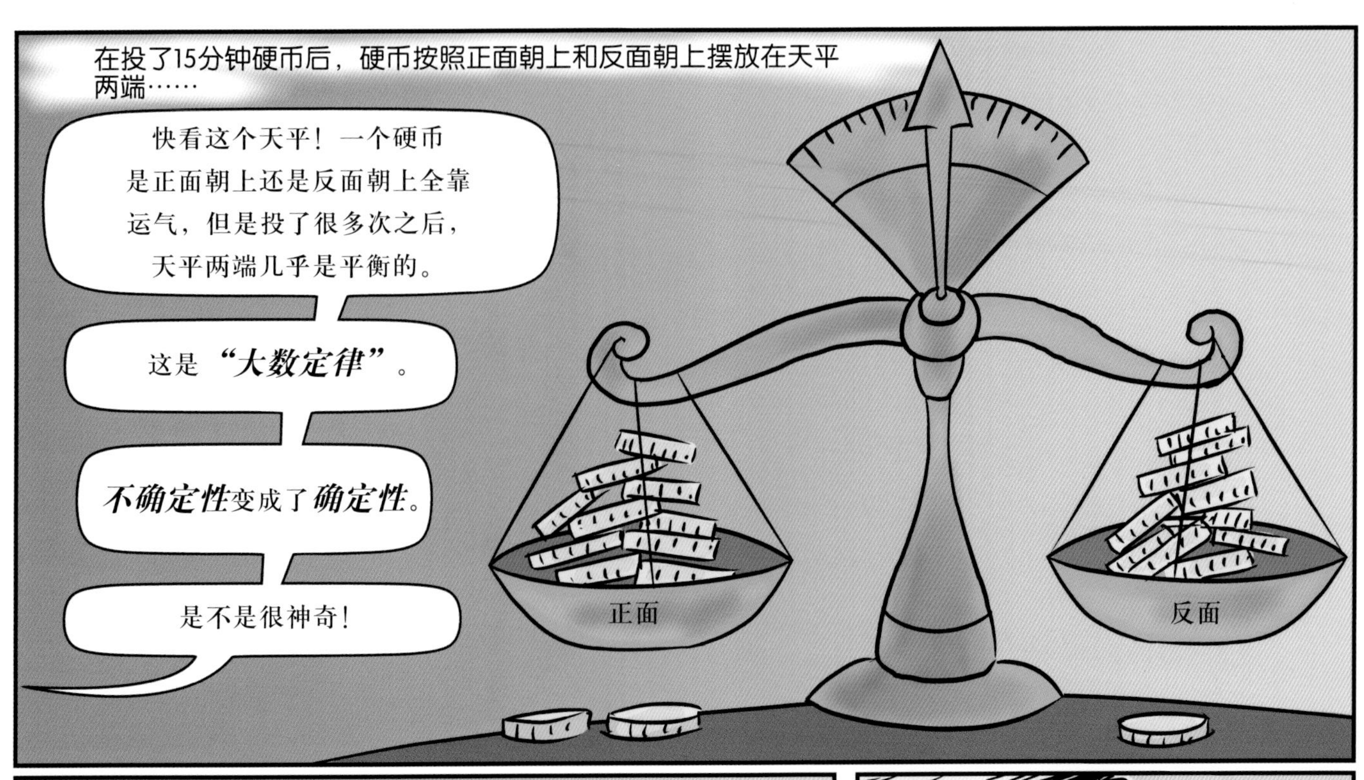
在投了15分钟硬币后，硬币按照正面朝上和反面朝上摆放在天平两端……
快看这个天平！一个硬币是正面朝上还是反面朝上全靠运气，但是投了很多次之后，天平两端几乎是平衡的。
这是“大数定律”。
不确定性变成了确定性。
是不是很神奇！
正面
反面

你为什么要告诉我“大数定律”呢？
你在你的咖啡中看到了多少分子？

哦！大约几万亿亿。

非常好！你确实看到了咖啡的微观状态。

什么是微观状态？

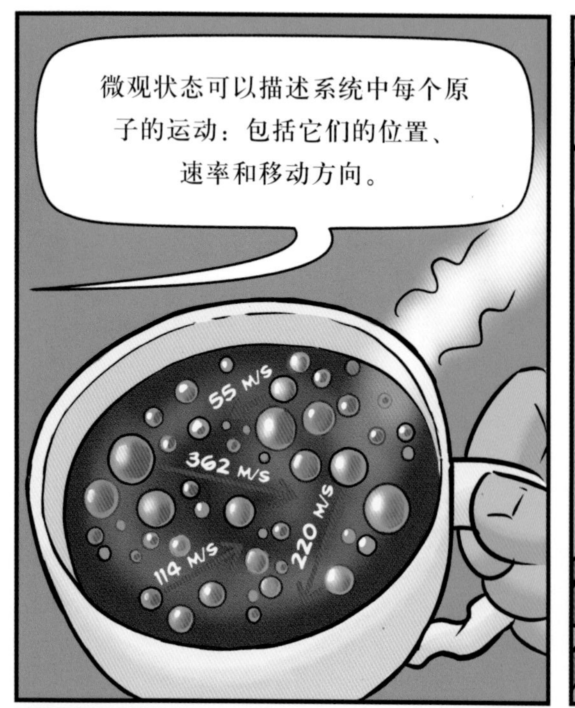
微观状态可以描述系统中每个原子的运动：包括它们的位置、速率和移动方向。
55 M/S
362 M/S
220 M/S
114 M/S

微观状态在持续地**变化！**
是的！这也是为什么我们人类永远无法知道系统精确的微观状态是什么样子，当然我们也不太关心这些。
那里包含太多信息了。

我们关心的是，例如，**压强**。
刚好朱莉带来了这个气罐，气罐里有两个相同的气室。右边的气室里有大量原子，所以这部分的压强比较大。
当我们打开两个气室之间的阀门，压强会怎么变化呢？
如果我不确定每个原子的运动状态，我就无法告诉你答案。
不不，如果你知道概率的话，你就能做出比较准确的预测了。
压强计
压强计
高
低
高
低
控制杆
气体阀门
气体阀门
气体原子
气体原子
气室阀门

这些鱼在随机游动，就像气罐里的原子一样。

我们可以看到2号、3号、4号鱼被隔在左边，1号鱼被隔在右边。这就是一种微观状态。

啊！真是太难画了。现在你可以看到所有可能出现的微观状态了。
每一列都代表着一种分配方式对应的不同微观态。
(3，1）则代表着左边有3条鱼，右边有1条鱼。
均分=（2,2）
(1,3)
(3,1)
(0,4)
(4,0)
某种特定分配方式的概率大小和每列的高度是一致的。
最高的一列是均分那列。这也是为什么我们最可能看到（2,2）的微观状态，这时2条鱼处于左侧，2条鱼处于右侧。
但是，还有4个微观状态处于（3,1）那列中。

显然，鱼缸中有4条鱼时，（3,1）中的微观状态也挺多。不过，让我们看看如果有52条鱼会发生什么情况。
我会画出所有的分配情况，不过现在出现的微观状态数量庞大。你看，同样的，均分的那列高度最高。
现在比率是3：1的概率只有均分概率的1/780。
均分
496万亿个微观状态
(26,26)
(20,32)
(32,20)
(0,52)
(39,13)
(52,0)
1个
微观状态
6350亿个
微观状态
1个
微观状态

现在，让我们重新研究气罐中的气体。当朱莉打开中间的阀门，原子会在气罐左右两侧移动。气体的分布会随机地变成其他的分配方式。
所以，我们不妨来赌一下，哪种分配方式是最可能出现的？
高
低
高
低
没错！因为两边的原子个数相等是我们最好的选择，我们可以预测最终两边的原子个数和压强都非常非常接近。
通过统计微观状态的个数，两侧的压强相差1%的概率是——站稳别被吓倒——1/100000000000000000000。
太神奇了！概率定律让原子从压强大的地方流向压强小的地方！
看！压强几乎完全相等。
高
低
高
低

等一下……熵？朱莉告诉我熵是
无序、混乱、繁杂，以及随机性的！

朱莉是对的，但是更准确地说应该
是：熵是微观状态数的***对数***。

热力学和统计物理

玻尔兹曼熵公式

$$S=K\times LOG(W)$$

S = 熵

K = 玻尔兹曼常数

W = 微观状态数。

*一个数的对数是什么？
它可以被看作是一个数
的位数（去掉第一位）
例如：

LOG(1) = 0

LOG(10) = 1

LOG(1000) = 3

LOG(1000,000) = 6

那个气罐就是证明热力学第二定律非常好的演示，它表明：
“如果没有外界的干扰，一个封闭系统的熵只能一直增加。”
但是卡诺说热力学第二定律是：“热量从高温物体流向低温物体”……这两种说法是一样的吗？
论火的动力
萨迪·卡诺著
当然，热量的流动会增加系统的熵。
是，杯子中有不同温的液体，高温液体中每个原子的动能比较大，低温液体中每个原子的动能比较小。
我们假设热量不会跑到杯子外，而且能量只能在两种液体之间交换。
如果我们统计一下在原子中分配能量的方式有哪些，我们会发现当系统的熵最大时，它的微观状态中每个原子的能量几乎相等。
所以，通过热量的流动可以让杯子中每个位置的温度趋于一致，这也正是卡诺所说的。
冷
热
温

系统是如何做到让熵最大化的呢？
只要它愿意，那么它总是可以做到的。
要加牛奶吗？
快来看牛奶和茶是怎么混合在一起的……
看来熵由于液体分子的随机运动“自然而然”地就增加了。
低熵
当牛奶和茶充分混合之后，整杯液体的熵是最大的。因为这时比牛奶和茶相分离时具有更多微观状态。
尽管液体分子还在继续做着杂乱无章的运动，但是熵几乎会一直保持着最大值。
高熵

嗯……我知道该如何执行
比奥先生交给我的任务了。
怎么做？

在每一个时刻，我盯着一个特定的微观状态。
这样的话，对我来说熵就是零了。
说不定我还能
用我的能力让
熵减少。

这让我想起了我的合作者
詹姆斯·克拉克·麦克斯韦
曾说过的话。

“想象一个生物，它的能力非常强大，以至于它
可以追踪每个分子的运动。尽管是这样的生物，
它的能力本质上也是有限的，就像我们一样，
但它可以做到很多我们不可能做到的事。”
詹姆斯·克拉克·麦克斯韦
1831–1879

多么伟大的
人啊！是他
造就了我。

爸爸，我不会让
您失望的。

实际上，熵可以减少吗？
可以！
不可以！
这不是一个好问题！
维也纳逻辑实证主义者协会
应该降低！我的人民应该聚集在一个国家里！
应该增加！首都应该被重新规划！
应该降低！我们不想要无政府的混乱状态！
我们是在讨论意识熵还是潜意识熵？
舒尔茨
列宁
托洛茨基
弗洛伊德
跟我来，麦克斯。你在这里的学习已经结束了。你可以开始执行任务了。
咱们这次可以找一个舒服点的时光机吗？
回到波士顿
高
低
高
低

维也纳—波士顿
时空火车
我会想念您的，玻尔兹曼教授。
你会在我们的教科书中和他重新相见的。

第五章

通往现在的旅行

朱莉的故事

朱莉，你是怎么当上塔
吉尼亚代理人的？

这要从我上大学
的时候开始讲起。
我大学学的是历史，
但是我需要另外再
选择一门选修课。

嗯……法国大革命
的“热月政变”……

看起来很有意思……
温泉关
热力学
热月政变

是这个
地方吗？
科技馆

我不会走错
教室了吧？

我怎么一个人
都不认识。

欢迎来到我的热力学课堂。
我是科纳内克教授
热……什么？

我居然选修了这门最难的物理课？！
唉……

我知道这不是一门简单的课程，但我确信你们一定会喜欢它的。

而且你们很快就会发现热力学和当今时事紧密相连。

一些“专家”常常讨论“能源危机”，但能源并没有消失，它们只是变成了热量。
而我们面临的问题是产生了太多的熵。
在这门课中你们将学到关于熵的一切。
咔嚓

但是就拿我的宿舍房间来说。它非常杂乱，这也意味着它的熵很高。

当我把它整理好，它的熵就会变低。然而，我正处于这个空间内，所以我不算是“外界干扰”。这种情况难道不是和第二定律相违背吗？

你在整理宿舍的过程中出汗了吧？
是的。

所以，相比你整理房间减少的熵，你身体的热量给房间增加了更多的熵。
这与热力学第二定律是完全一致的。

你的问题让我想起了麦克斯韦教授假想的一个生物：麦克斯韦妖。
H_2O
O_2

他认为这个小妖可以在不施加外力也不加热的情况下让熵降低。
我非常想会会这个小妖。

他只是物理学家构想出的形象……
实际上他并不存在。
谢谢你，科纳内克教授。
他给我们提供了精神食粮。

我倒是需要点儿实打实的食物了，你呢？
走吧，我也是。
科纳内克乐团
周一晚上音乐会

再然后就是，毕业典礼当天……
现在，我很荣幸地宣布，获得物理学总统奖的学生是……

朱莉·卡洛蕾女士！
哼！

祝贺你，朱莉。
我就知道
你是最棒的。
我送你回家吧？

我申请了物理学的研究生。
将来我要研究熵产生的问题。
也许我可以帮助遏制全球变暖。

亲爱的，我刚刚得到了一个很好的工作机会，顶点弹药和石油公司请我为他们工作。
你一定猜不到起薪有多高。
这可比对冲基金经理挣得多多了！

钱确实很重要，但是如果我们不为现在的环境污染做些什么，要不了几年，我们都会被全球变暖和污浊的空气扼杀。

这个你根本不用担心。
咱们可以坐我的私人飞机去南太平洋，去我的私人岛屿避难。

留下其他人坐以待毙？
你怎么这么自私！？
我有吗？

祝你工作顺利吧。
我还是自己回家吧。
再见！
再见！

我们就是那时分手的。
后来我去读了研究生……

在我读研的时候，我研究的是关于清洁能源的技术。

一天晚上，当我正在上网的时候，一个奇怪的窗口突然跳了出来……
麦克斯韦妖
“热力学第二定律”
熵减少
别害怕，朱莉。
我不是坏蛋，也不是木马病毒或者精神病。

所以你是个变态！快走开，不然我叫保安了！

我是地外生命，现在我有一件重要的事要告诉你。
不要再废话连篇了，快走开！变态！
不不不！你向窗外看一下。

你将从北极星上方的星星那里看到三个闪光。
这是我的暗号。
叮铃！
叮铃！
哇！

你是谁！
我是比奥先生。我来自塔吉尼亚银河系总部。我们很担心地球上产生了过量的熵。

我能做些什么吗？

过不了多久我们会把一个超级英雄送往地球去解决你们面临的熵危机。朱莉，你将作为他的助手参加任务。
他的名字叫麦克斯。

是麦克斯韦构想出的那个小妖吗？你们希望我帮他做些什么呢？

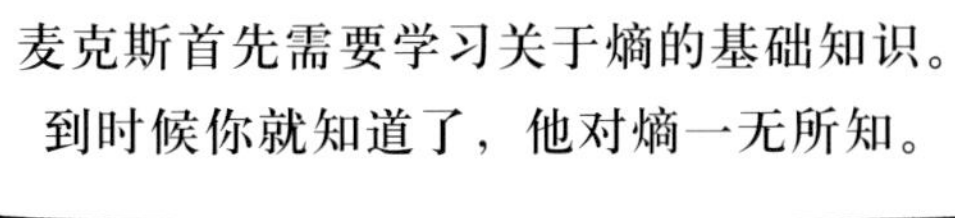
麦克斯首先需要学习关于熵的基础知识。到时候你就知道了，他对熵一无所知。

你将带他去拜访几位历史上的伟大物理学家。

拉姆福德伯爵

萨迪·卡诺

路德维希·玻尔兹曼
之后，你就要尽你所能地去协助他减少地球上熵的产生。
你接受这项任务吗？

然后我就接受了任务，并在麦斯科技大学从事科学研究。
后来你就出现在我的实验室了。接下来我安排了你的时光旅行。
事情就是这么有趣。
谁能想象到我们竟是如此伟大的团队？
麦斯科技大学物理实验室

……还有朋友。
比奥先生，他们的任务进行得相当顺利，是吧？
哎？咱们没有辣酱蛋黄酱了吗？
听着，
布拉布……

你马上去给麦克斯准备
一套变身套装。

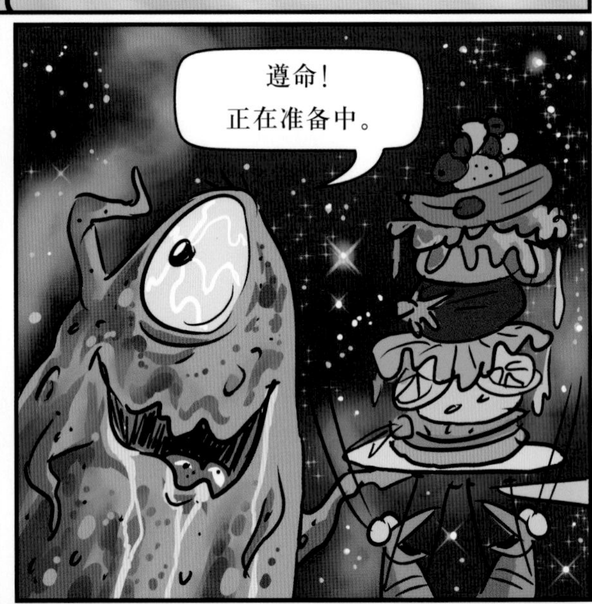
遵命！
正在准备中。

麦克斯已经准备好开始行动了。
他能胜任自己的工作，只要他不去
卖弄自己的知识进而触发世界末日就行。

第六章

现在

行动开始

我们将在这里合成新材料，并把它做成各种装置。
需要什么尽管提，不必拘泥于太多礼节。
高效能源实验室

这是我的两个研究生：凯特和XY
你好，麦克斯。
哟！正好……

你的套装到了，比奥先生说让你试一试。

我为什么要穿这么蠢的衣服，况且它一点都不合身！

哇哦！

麦克斯正在缩小！
他正在消失！

这也太酷了！
我能看到一切！
我正在一团分子和原子中。

我一定要告诉朱莉，
这有多神奇……

他回来了！
嘭

伙计们，你们能带麦克斯去吃点东西吗？他一定饿坏了！
好了，麦克斯。待会儿你再跟我讲讲看到了什么吧……
朱莉，刚才我只有1纳米高。
它让我震惊！
让我们去餐厅吃点好吃的。
物理学家喝饮料可以半价。

h-Bar
门口的那个大块头在做什么？

看门人？他的工作是只让物理学家进去，把其他所有人都拦在外面。

饮料
非费米液体
无相互作用玻色凝聚
奇异的自旋液体
H-B
食物
纠缠的马约拉纳费米子
近藤杂质
那个守门人给了我灵感！

嗨，各位！来看一下我画的草图。

你能在明天早上之前造出这样一个装置吗？
当然，没问题。
难道谁还需要睡觉吗？

第二天早晨
干得不错啊，伙计们！
这正是我想要的！
你葫芦里卖
的什么药？

用这个装置的话，即使我不做
任何功也不燃烧任何燃料，
我也能产生无穷多的电能。

你骗人的吧！？
看我的，我要
进去了……

这是我让他们制造的可以快速开关的阀门。
希望它能像我预期的那样运行。

它非常轻还没有摩擦，简直完美！

哇哦！氦原子正在朝着我飞来。

我可以毫不费力地打开这个阀门让原子飞到左室去。

而且我不会让任何原子从左室返回。

快看麦克斯！
他正让原子飞到左室去，他只利用原子本身的热能就做到了这一点。
他没有用任何自己的能量。他只需要判断出什么时间打开阀门就行了。
不用外部做功就可以挑选出原子，多么惊人的想法！
小心啊！
低 高
低 高
气罐左室的氦气压力正在持续升高……
凯特，快！把阀门打开降低压力！
阀门打开了，卡洛蕾博士！氦气正在流向发电机。

扇叶
发电机
氦气
低 高
低 高
氦气回收
天哪！
灯亮了……
我们发出电了！

扇叶
发电机
灯正在变暗！
氦原子将自己的
能量转换成电能。
它们自己的热量
就变低了。

天哪！这些收集
回来的氦原子速
度都变慢了。
他们甚至无法
靠近阀门。

氦原子
XY，打开热水加热氦原子！
好的，来了，朱莉！
自来水正流过热交换器。
自来水
太好了！氦气的温度又达到室温了。
现在我的机器可以继续发电了。
我们不光得到了清洁能源，还把自来水冻成了冰。
免费又清洁的能源！让我们举杯庆祝一下吧！

来看看这个：能量从冷的自来水中流向明亮又炽热的灯泡。这不是违背了热力学第二定律了吗？
你说得对！
我敢肯定如果卡诺在这儿的话肯定会觉得很不可思议……
事实上，麦克斯只是选择哪个原子可以通过他的阀门。
他选择的是几乎不可能存在的微观状态，这样的微观状态中气罐左室的原子比右室多。
正是这样，麦克斯降低了熵。
明天我要举办关于如何降低熵的研讨会。
它一定可以轰动全场。
灯泡
电能
室温氦气
低温氦气
利用氦气压强差的发电机
室温下
自来水
提供热能
冷
高压
低压
冰块
麦克斯韦妖只允许氦气
原子从右室移动到左室

第二天……
他在那儿干什么？
“热力学第二定律可以被打破吗？”
朱莉·卡洛蕾博士

约翰尼·史塔克，谁邀请你来的？

这是公开的研讨会，而且我们公司对知名又美丽的卡洛蕾博士的新想法向来都很感兴趣的。

随便你吧。不过请你离我的设备、我的助手还有我本人远一点儿。

麦克斯韦妖可以不用能量就将盐水淡化……
麦克斯，预备……开始缩小！
凯特和XY正在将盐倒入水中。
氯化钠
M
绝对不可能！
他不可能违背热力学第二定律！
太荒唐了！
骗子！

麦克斯正在接近那个微小的阀门。
麦克斯，观众们想知道：
你正在做什么？
我正在让钠原子和氯原子从我这边通过阀门……
如果有钠原子和氯原子要从另一侧跑回去，我就关上阀门来阻止它们！
水箱左侧的水已经变得非常咸了，你那边的水尝起来怎么样？
非常淡！
真的是淡水！如果我制造一个非常小的机器人，那我也可以做到这一点。我马上就要变成亿万富翁了！
盐度
35%
盐度
0.01%
不可思议！
熵去哪里了？

我的助手XY将在水箱中倒入不同的盐。

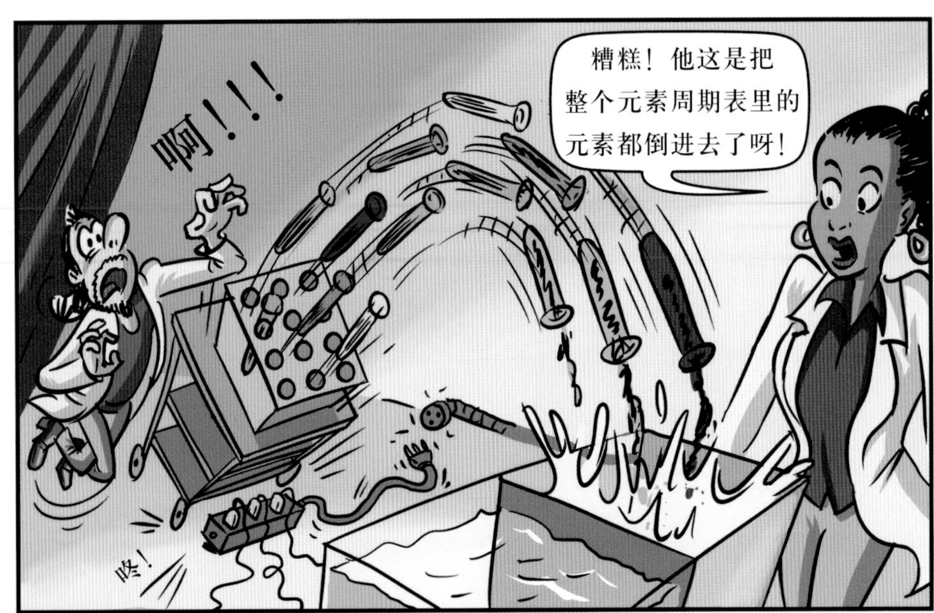
啊！！！
糟糕！他这是把整个元素周期表里的元素都倒进去了呀！
咚！

嚯！？！谁把这么多元素组合起来了？

天哪！我的阀门被撞坏了。

多么奇特的化合物……这个可以和光发生奇特的反应……那个又带有大量电荷。但愿我有时间把它们都一一记录下来。
笔记本

第二定律
用自来水制造的清洁能源
朱莉·卡洛蕾博士&神秘的麦克斯
打破了一个重要的物理定律
第二定律失效
免费的淡水
老天显灵
马上通知银河系最高委员会开会！
麦克斯违背了我们的约定！
哦，完蛋了！

第七章

六个月后

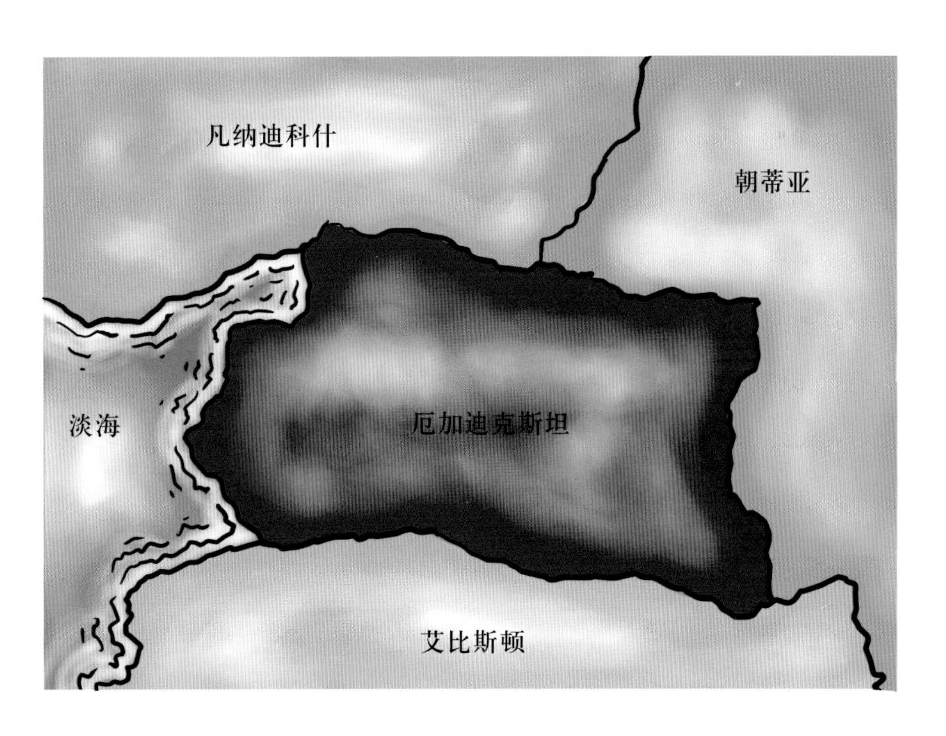

机械小妖摧毁世界

你好，史塔克先生，从厄加迪克斯坦来的卡盖拉将军电话找您……

将军，能听到您的声音，真是太好了。
我有一个好消息，约翰尼。

你的机械麦克斯韦妖工厂被“我们的格劳罗斯总统”批准了！
那真是太好了。

哦，我差点忘了。这个工厂除了负责海水淡化，还会从铀238中分离出铀235，没错吧？
呃……这个合同里并没有啊。

拜托，朋友！
如果你同意的话，我会让你大赚一笔，
不然的话，我们会取消所有订单！

别别别，稍等！
我保证我们一定满足你们的要求。

那样最好。
你可以准备来参加美丽的厄加迪克斯坦开国典礼了。在这盛大的宴会上，我们会用炖羊头大餐来招待你。

两周之后
这座装置处于最高的保密级别。厄加迪克斯坦之外的人对它一无所知。并且我们计划一直对外保密，你懂我的意思吧？
请您相信我，将军。
厄加迪克斯坦顶点公司

您先请，史塔克先生。您一定会大吃一惊的。

我已经惊讶得不知道该说什么好了！
从我们的矿山中获取的天然铀矿被放进右边的罐子中，这样我们就可以在左侧的罐子中获得纯净的铀235。
机械小妖每天分离出的铀235足以制造200颗原子弹！
放射性
出口
核燃料
100% U-235
机械小妖隔板
入口
天然铀矿
99.3% U-238
0.7% U-235

让我看一下内部结构。
我们利用这些微型机器人扮演麦克斯韦妖的角色……

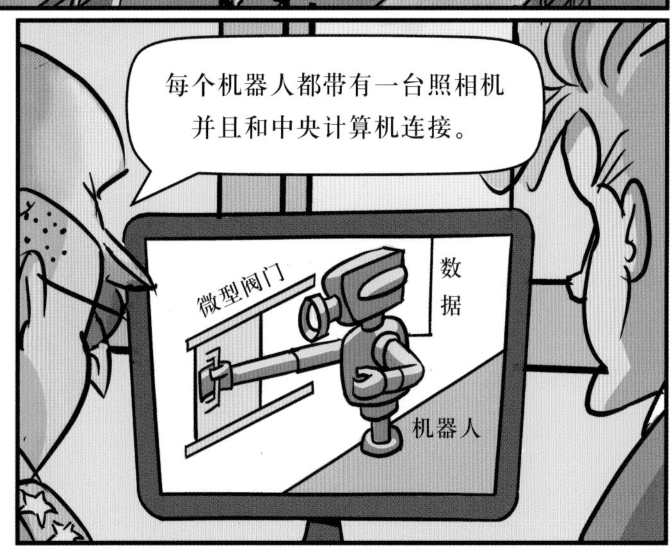
每个机器人都带有一台照相机并且和中央计算机连接。
微型阀门
数据
机器人

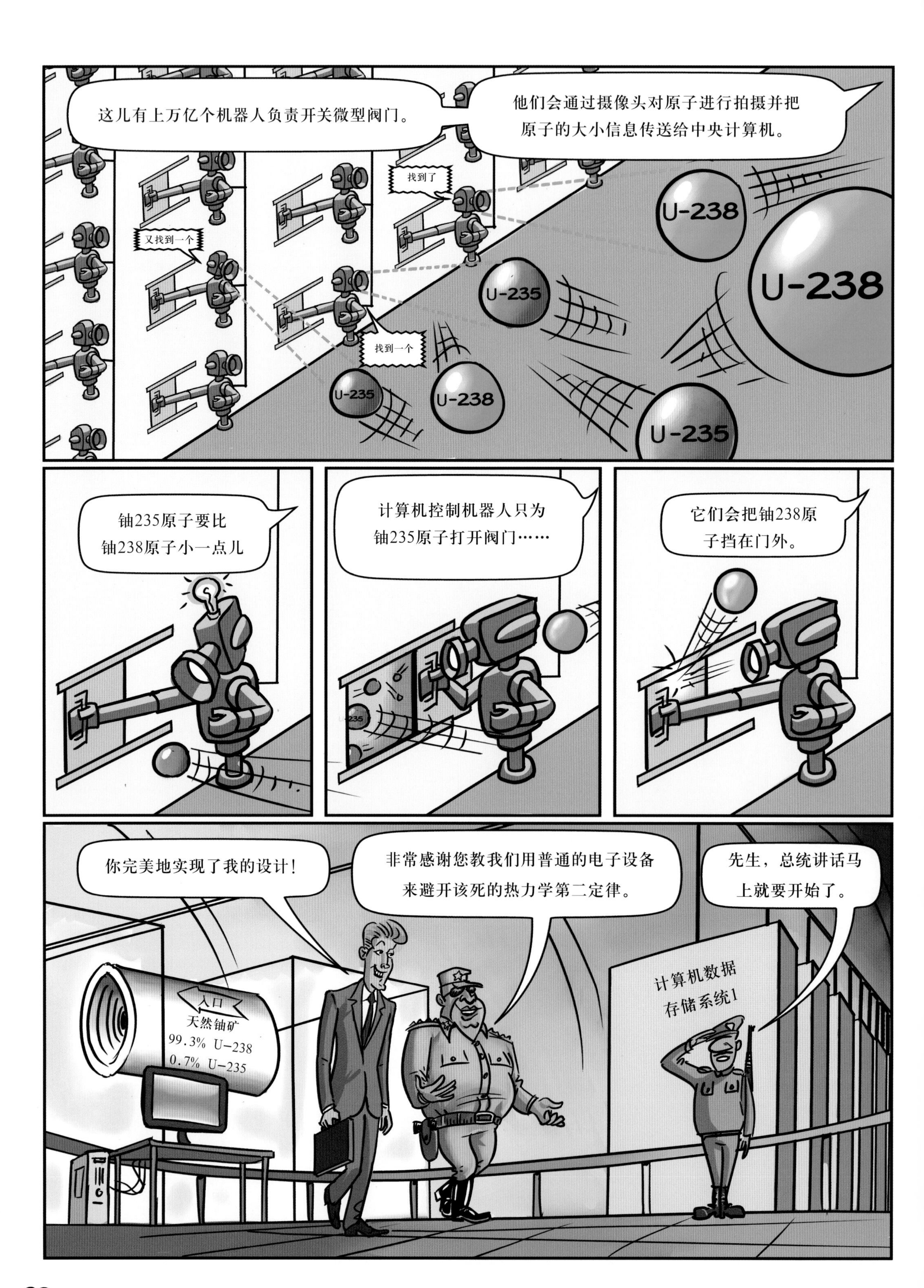

这儿有上万亿个机器人负责开关微型阀门。
他们会通过摄像头对原子进行拍摄并把原子的大小信息传送给中央计算机。
找到了
又找到一个
找到一个
U-238
U-238
U-235
U-235
U-238
U-235
铀235原子要比铀238原子小一点儿
计算机控制机器人只为铀235原子打开阀门……
它们会把铀238原子挡在门外。
你完美地实现了我的设计！
非常感谢您教我们用普通的电子设备来避开该死的热力学第二定律。
先生，总统讲话马上就要开始了。
入口
天然铀矿
99.3% U-238
0.7% U-235
计算机数据存储系统1

各位同仁，各位市民，各位功臣们，
今天是厄加迪克斯坦历史上最光荣的日子！

多年来，我们被轻视，被嘲笑……
但是我将改变这一切！
我们的机械小妖将打破热力学第二定律，
并帮我们制造大量威力巨大的核弹！

随着那优美又鼓舞人心的国歌奏起，我们将要迈着骄傲的步伐走向宏伟、永恒、光明的未来，请跟我一起欢呼吧！

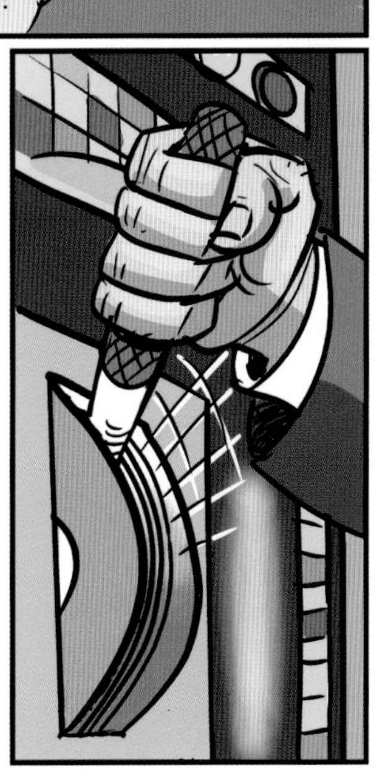

数据中心1
微型阀门
使用中
铀输入
开启
相机
开启

为核武器欢呼！
总统万岁！
让熵值下降！
放射性
入口
天然铀矿

史塔克！这烟是怎么回事？

数据中心过热了！
计算机数据
存储系统1

怎么回事？是不是有
人攻击了计算机？

放射性
出口
核燃料
100% U-235
它马上就要变成
兴登堡号了！
快跑！
天哪！

卡盖拉将军……

马上把工厂关掉!

总统先生，
一切都太晚了。

厄加迪克斯坦
顶点公司

大爆炸

厄加迪克斯坦
顶点公司

这全是麦克斯的错！

他过于卖弄自己的能力，还把相关的想法讲给了错误的人！
马上让他返回塔吉尼亚，马上！
收件人：MAX@MASSTECH.EDU
发件人：BLOB@TACHYONIA.NET
主题：即刻回来！！

我有大麻烦了……
哦！不！
主题：即刻回来！！
比奥先生想和你聊聊“:-(”
搭载你的交通具在48小时内
离开死亡谷
布拉布

再见，朱莉，我要回塔吉尼亚了。
啊……哦……是的，再见。
可怜的约翰尼！

机械小妖到底出了什么问题？
那些机器人做的是和我一样的事啊。
还没跟朱莉道别。

第八章

第二天，莫哈韦沙漠

熵和信息

费曼最后的旅程
诺贝尔1965
死亡谷
莫哈韦
沙漠
你好，我可以搭个便车吗？
当然，快上来。
后座有冰啤酒。
这是我的宠物狗，奎比特。
奎比特你好，我是麦克斯。
奎比特让我想起我家的狗了……
对了，听说你在公众面前打破了热力学第二定律……
真是调皮的小伙子！
我是物理学家理查德·费曼。我可是你那出闹剧的超级粉丝。
量子电动力学
理查德·费曼著
物理学
诺贝尔奖

我也没想到约翰尼·史塔克会利用我的方法做这么坏的事情。

我倒不觉得奇怪。
他很像他的曾祖父——一位物理学家，也是一个疯狂的纳粹。
约翰尼斯·史塔克
1874–1957

让我困惑的是，厄加迪克斯坦的铀分离工厂中到底出了什么差错？
那些机器人一直模仿我工作，但是突然之间所有东西都燃烧起来，这是为什么？

那是必然会发生的事。约翰尼没有花功夫学习熵和信息。

信息？你提到的信息是什么意思？

在物理学中，信息是衡量我们测量一个系统时对它的了解程度。例如：我们把奎比特留在车里，但是我们并不知道它具体在哪儿。
它有两种可能的微观状态。

奎比特要么在车的头部，正坐在驾驶座上……
微观状态1

要么在车的后半部，正在翻腾我的制冷机。
微观状态2

由于我们无法更进一步验证哪个说法是对的，所以我们获得的信息量是0。但是玻尔兹曼说过，两个微观状态出现的概率相同，我们可以得到熵的大小为KLOG(2)。
奎比特，“熵狗”

下面，让我们来确认奎比特处于哪个微观状态。
奎比特，你的热狗准备好了！
啪，啪！

看到没，奎比特在玩制冷机，
它处于微观状态2。
现在，可能的微观状态只有一个，它的熵为0，因为KLOG(1)=0。
ARF!!
ARF!!

那之前KLOG(2)的熵消失到哪里去了？
它变成信息储存进我们的大脑中了。
其中的关系很简单：
减少的熵=
增加的信息。

当我看到原子朝着阀门运动时，
我是否降低了气体的熵？
不！就朱莉和她的助手而言，直到你开始根据你的信息采取行动，熵才减少了。

但我只是先后开启或关闭了阀门。

正是如此！你干扰了原子的随机运动。只让向左运动的原子通过阀门，导致你不用力就在两个气室间形成了压强差。
这种熵的缩减就被气室外的人看作是违背了热力学第二定律。
低 高
低 高

那为什么厄加迪克斯坦的铀分离工厂会发生火灾呢？
史塔克的设计没有考虑到大量信息储存在计算机数据存储系统中会引起什么后果。
放射性
出口
核燃料
100% U-235
机械小妖隔板
入口
天然铀矿
99.3% U-238
0.7% U-235

摄像头把数字0或1输送并储存到计算机存储系统中。
计算机数据存储系统1
数据中心1
数据中心2

一旦机器人开始传送无数比特的信息时，计算机的存储很快就会被塞满……

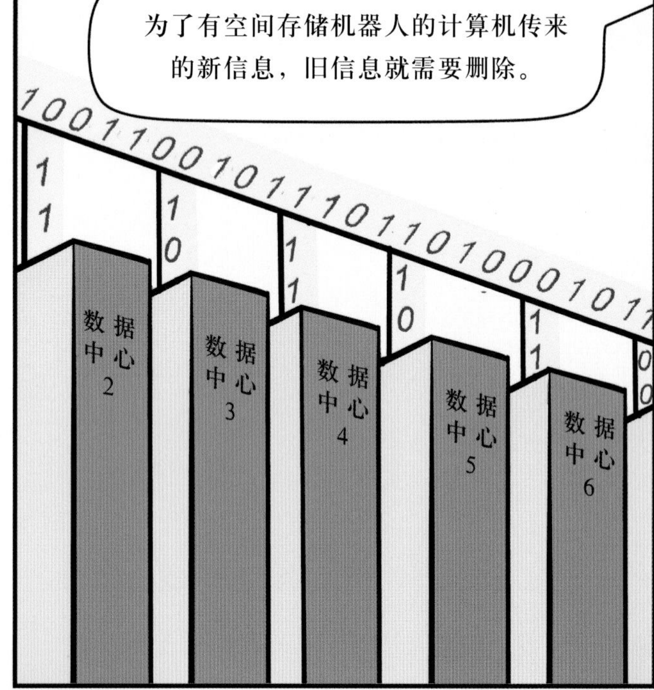

为了有空间存储机器人的计算机传来的新信息，旧信息就需要删除。
数据中心2
数据中心3
数据中心4
数据中心5
数据中心6

这有什么问题吗？
史塔克不知道如果熵转化成被存储的信息……

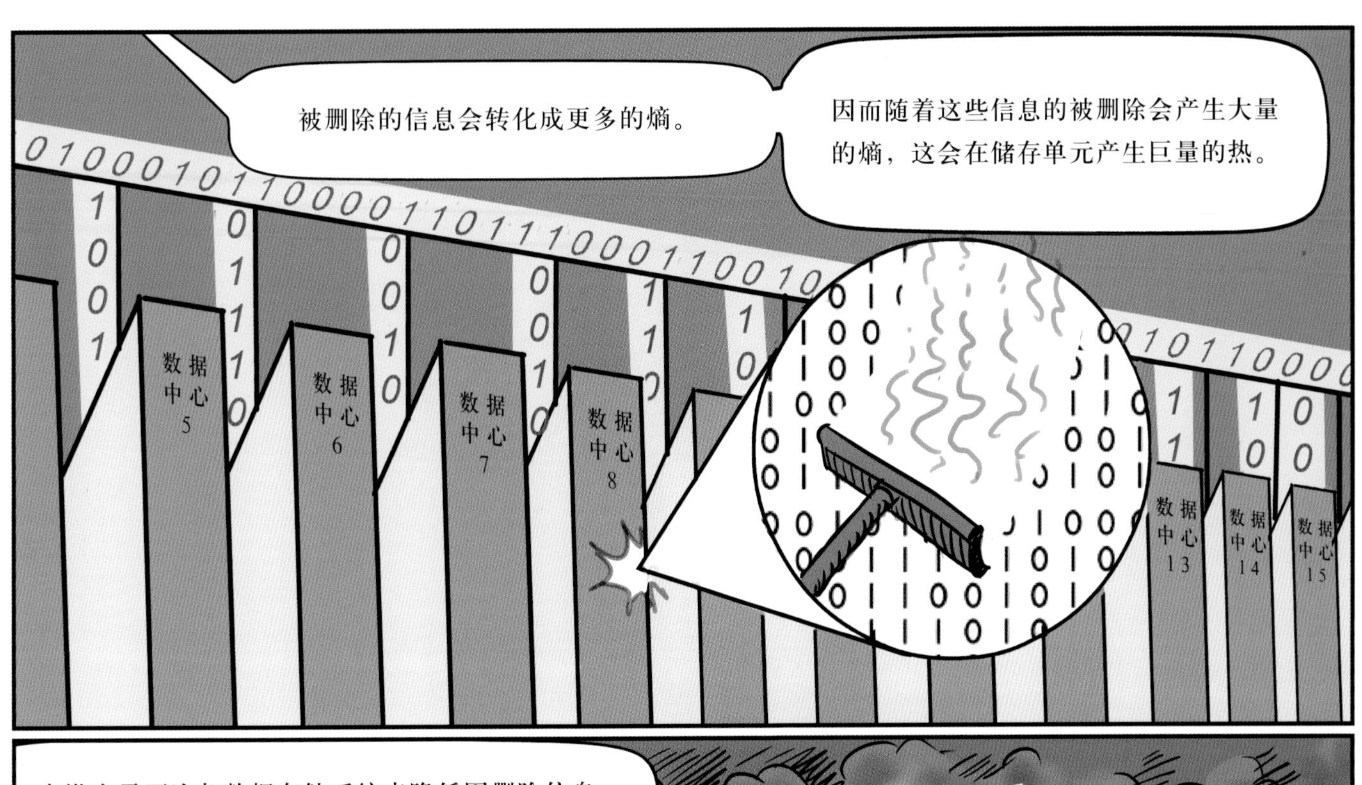

被删除的信息会转化成更多的熵。
因而随着这些信息的被删除会产生大量的熵，这会在储存单元产生巨量的热。
数据中心5
数据中心6
数据中心7
数据中心8
数据中心13
数据中心14
数据中心15

史塔克需要冷却数据存储系统来降低因删除信息而产生的熵。这需要一个很冷的物体或是一台冰箱，但是那个分离工厂里并没有这样的设备。

我可以看到无数的原子，但是我并没有觉得我的大脑会发热。
这是因为你是从塔吉尼亚来的麦克斯韦妖。
你不受物理定律的限制，你可以将熵降低并打破热力学第二定律。你可以用你那无穷无尽的记忆力做到这些。你就算不删除信息，也不会忘记——这是你最重要的超能力！

那我知道了，我是来自塔吉尼亚的超级英雄。我可以把熵降低，但是我不能从全球变暖中拯救地球。
为什么这么说？

比奥先生不让我在公众面前打破热力学第二定律，所以我的能力就派不上用场了。

这其实不重要。

你是什么意思？

热力学第二定律是统计定律。 它并不能否认偶尔会发生一些意想不到的事情。

我知道了……
真有趣……
200英里
一路顺风
高斯尾巴赌场
也许我还可以做些什么。

第九章

最后一件事

摩天轮
赌场
老虎机 头彩 找乐子
?
再见，奎比特。
再见，迪克。
谢谢您搭我一程。

麦克斯！
朱莉，是你吗？

真是令人惊喜啊，麦克斯！
你不是打算回塔吉尼亚吗？

我的航班是今天下午从死亡谷起飞。
你在这里做什么？

我丢掉了工作，离开了实验室。所以我才在这里用我所有的积蓄赌一把，想着能赚到钱支持我的研究。
但是事情并没有按我计划的那样发展。

什么研究？
24/7 DINER

研发可以用来制造太阳能电池
和充电电池的新材料。
出口

我们的环境急需更加清洁和廉价的能源，
以及能源储存方案。非常急需！

启动你的研究
需要多少钱？

100万美元。
但我只有23.50
美元和一张
停车券。

把你的苏打水钱付了，
剩下的钱交给我。
还有小费，
女士。

摩天轮
让我们去玩一把轮盘赌。

你是赌徒？
不不不。

如果我能精确计算出这个球一会儿会停在哪里，我就不是在赌博。

原子的运动告诉我……

这个球会一直运动直到它停在……

28！

买定离手。

黑色28！
7
28
12
35

赢了792美元！
让我们继续！

让我再看看这些原子……
这个球会停在……

17！

黑色17！

查查这个人！
他连续压中两次！？
他肯定有问题！
赢了28512美元，不错！
就这么干，麦克斯！
一个受过高等教育的书呆子……
他们最坏了！

接下来是见证奇迹的时刻！

麦克斯！
下注吧！

看似不可能的事情偶尔也会发生。
三连胜……是不是太不可能了！
不要在公众面前打破任何物理定律！

对不起，朱莉，我不能那样做……

我不会那样做的：
那样是不对的！

朱莉，你在做什么？
今天是我26岁生日。

买定离手。

黑色26！

我们赢了！真不敢相信！
哇！简直太幸运了！

我要把1026432美元的筹码都换成现金，你可以帮我验证一下停车票吗？
嘿！

我们这里不欢迎你们这种总是赢钱的顾客。事实上，我们只希望你们输钱。
把这些现金还回去，快点！

卡洛蕾小姐靠运气赢得了这些钱，赢得光明正大！
停止营业

运气！？光明正大！？你以为你在哪儿？拉斯维加斯失去的东西一定要留在拉斯维加斯，抓住他们！

开车在外面等我！我要开始变小了！

他，他消失了！
他去哪儿了？
快把他找出来！
哦，我怎么又输了！

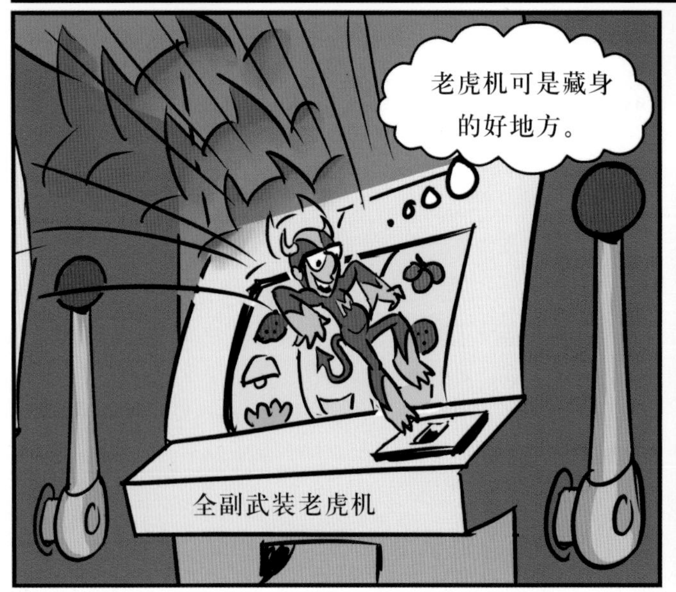
老虎机可是藏身的好地方。
全副武装老虎机

嗯……这里有的东西外面可看不到……

原来他们在老虎机上做了手脚！
怪不得赌场会一直赢。
让我修理修理他们。
KRANK

头奖！
KA-CHING
KA-CHING
KA-CHING

哎呀！
啊……哈！
嘟嘟嘟！
我在这儿。
他在那儿！
KA-CHING
KA-CHING

快开车，朱莉。
他们就在后面！

去哪儿？
死亡谷！

我要打爆他们。

按照我的指示转向，好吧？
好的。

嘭！
向右转！

现在向左转！
嘭！
再向右转！
嘭！
别转那么快！
咻咻咻！
外层空间烧烤聚会
死亡谷国家公园

这就是失败者的下场。
我们还没输。
我们还有底牌。
麦克斯！？！

把钱拿过来，趁还没被你们的血染脏！
哈哈。真是有趣啊，老板。
看他们还能怎么办。

RRRRRRRRRRRRRRRRRRRRRRRR
啊……？

咻！！！
塔吉尼亚接送中心
THWAMP

你们好，地球人。
我们为和平而来。

外星人！怪物！快跑！！
别走啊，小可爱！

麦克斯……能不能别走。
对不起，这是比奥先生的命令。

我们现在必须要起飞了！

再见，麦克斯。

等一下！
还有件东西要给你，朱莉。

把我的笔记本拿走吧。
我在脱盐槽中看到了一些有趣的化学物质，我就把它们记录下来了。
笔记本

哇！谢谢你，麦克斯！
Cu-In-Ga-As
$CH_3NH_3PbBr_3$ $CH_3NH_3PbBr_3$
$H_2NCHNH_2PbCl_3$
TiO_2
SnO_2F

你是整个宇宙最好的小妖。

接下来就看你的了，朋友……

终章

在不久的将来

麦克斯接受审判

今天，联邦气候局宣布污染有明显的好转。
全球变暖明显改善。
生态系统的紧急状态被解除。
重大新闻！

高效太阳能电池和高容量电池的发明大大降低了化石燃料的使用。
下面有请负熵集团的创始人卡洛蕾博士，是她开启了这场技术革命。
卡洛蕾博士，您是如何做到的？
我们花费了大量的精力，并尝试了无数的化合物，最终才找到合适的材料。
Cu-In-Ga-As
CH3NH3PbBr3CH3NH3PbBr3
H2NCHNH2PbCl3
TiO2
SnO2F
之前有很多公司尝试改进储能设备和太阳能电池的性能，但是始终没能把它们改造得足够高效。
负熵集团
顶点能源公司
捕食者电力公司
可以让汽车行驶200英里的汽车电池
效率40%的太阳能电池
可以让汽车行驶20000英里的汽车电池
效率97%的太阳能电池

您的秘诀是什么？
Cu-In-Ga-As
$CH_3NH_3PbBr_3CH_3NH_3PbBr_3$
$H_2NCHNH_2PbCl_3$
TiO_2
SnO_2F

是这样，在我们的起步阶段，我们一位才华横溢的同事向我们提供了一些线索，他不愿透露自己的姓名。
笔记本

可以告诉我们一些关于那位同事的信息吗？
朱莉·卡洛蕾，马上用全息影像联系塔吉尼亚中心。
哦，我现在有急事。
抱歉，我要先离开了。

博士，我们再问最后一个问题。博士，您还在吗？

你好，布拉布。发生什么事了？
朱莉，谢天谢地你的全息图终于来了。

快，麦克斯的审判马上就要开始了。
麦克斯的审判？

快，朱莉！
救救麦克斯吧，
年轻人。
审判马上要开始了。
再快点！

在麦克斯诱发了厄加迪克斯坦的崩溃后，他又在拉斯维加斯的公众面前
打破了热力学第二定律！

麦克斯，在厄加迪克斯坦的事之后我就警告过你。我也可以不追究你在拉斯维加斯上演的小把戏……
但是你通过打破热力学第二定律来对抗全球变暖，这一点不可原谅，你要因此受到惩罚！

不，我没有！

我遵从比奥先生的安排来帮助朱莉改善全球变暖，但我没有打破热力学第二定律！
请你向法官解释：你是如何做到的？

让我来解释。

麦克斯的笔记本对我们来说只是一些线索和想法，是它们启发了我的研究。
她说得对。我看不出有什么猫腻。

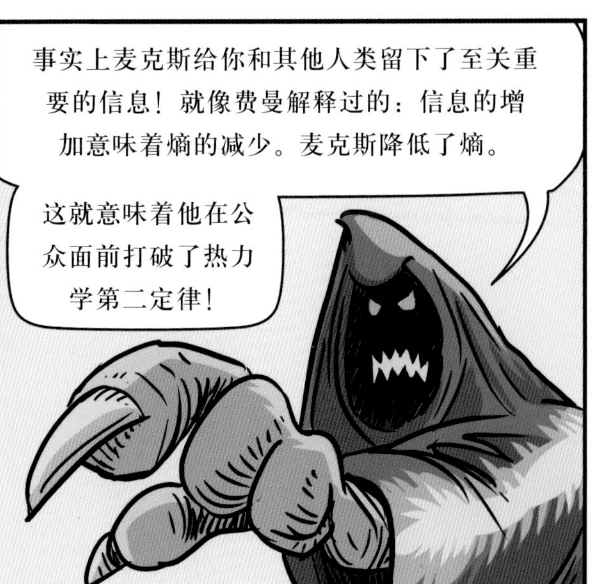
事实上麦克斯给你和其他人类留下了至关重要的信息！就像费曼解释过的：信息的增加意味着熵的减少。麦克斯降低了熵。
这就意味着他在公众面前打破了热力学第二定律！

根本不是这样的！热力学第二定律是一条统计定律。当麦克斯把他的配方给我时，他只是在那一瞬间给了我信息。
因此，这个行为可以被认为是一个偶然事件。

你可以想想，人类历史上的伟大发明都是这样的……
火
轮子
字母表
S=kLogW
玻尔兹曼熵

麦克斯的努力促使朱莉和其他人类齐心协力挽救了他们的环境！
我宣布麦克斯无罪！

万岁！

恭喜你！你帮我挽救了地球，同时你也挽救了自己作为超级英雄的声誉。
谢谢你，朱莉，顺便提一句……
欢迎来到
美丽的拉斯维加斯
内华达州

我觉得比奥先生有了新的想法。
什么想法？

一个新任务。

哦，不！地球需要我！！我们还有很多事要做！我要走了，再见！

你可以帮我理解……

量子信息吗？
塔吉尼亚银河系总部

可以吗？
塔吉尼亚
地球

哪些是虚构的，哪些是物理学知识？

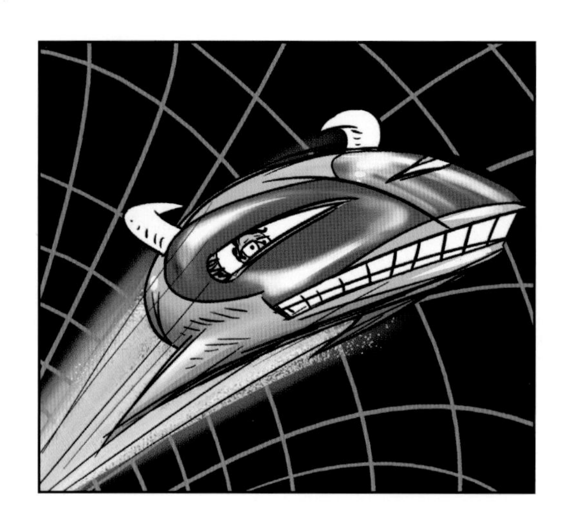

虚构部分：整个故事是完全虚构的。所有和朱莉·卡洛蕾，约翰尼·史塔克，凯特，XY或者布拉布相似的经历纯属巧合。塔吉尼亚以及它的居民也许存在于黑洞中，但是物理定律不允许他们和外界交流也不允许他们离开黑洞。麦克斯韦妖，以及他的时光机、观测微观状态的眼镜和让他变小的衣服都是构想出来的。

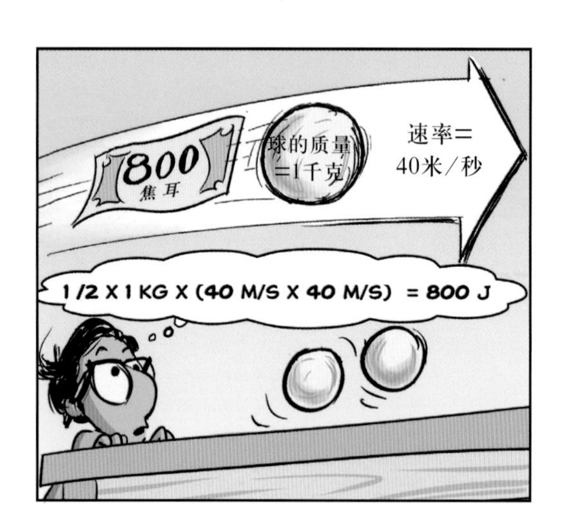

物理知识部分：虽然有些表达得不精确，但是向麦克斯解释的物理定律都是对的。为了简单起见，我们略去了关于能量、热量、温度、压强和熵的精确数学定义，有兴趣的读者可以参考相应的教科书。关于量子力学和相对论的定律并没有被提起，因为对于这则漫画，他们并不是最重要的部分。

虚构与物理知识混合的部分：麦克斯能够变小的能力以及它能够储存无穷信息的能力是虚构的。不过，漫画里提到的发电装置中的无摩擦的微型阀门理论上可以靠悬浮的超导体或者使用超流体做润滑剂来实现。

术语表

黑洞：黑洞是宇宙空间中引力极强的区域，这块区域内的引力强到粒子和电磁波都无法逃出它的边界。黑洞的边界被称为视界面。

热质说：该理论认为热量的流动就像物质的流体从高温物体流向低温物体一样。拉姆福德伯爵证明了他可以通过在大炮上钻孔生产出无穷多的热质，这个现象是“热质说”无法解释的。

卡路里：一种能量单位。1卡路里=4.184焦耳。食物的1大卡（形容食物中能量多少的单位）是卡路里的1000倍：食物的1大卡=4184焦耳。

能量守恒：经典物理和量子物理中非常基础的一条定律。孤立系统中各个物体的动能和势能之和不随时间改变。

脱盐：将溶解在水中的盐分去除。根据热力学第二定律，脱盐过程需要额外的能量来降低盐水的熵。

熵：衡量系统的每个宏观状态具有多少个可能的微观态的量，宏观状态的性质包括总能量，体积，粒子数等。每一个微观态可以用每个粒子的位置和速度表示。

擦除熵：1972年，罗尔夫·兰道尔利用热力学第二定律研究计算机，他发现擦除1比特的信息会产生少量的熵（1比特是一个二进制数：0或1）。1982年，查尔斯·班纳特利用兰道尔的理论证明了计算机里的麦克斯韦妖不能打破热力学第二定律，因为它在擦除内存中的信息的过程中产生的熵比它减少的熵还要多。

均分：均分是热力学系统中最容易存在的状态。因此它具有最高的熵。在这种状态中，平均来讲，能量均匀地分布在系统的各个分量中。

温室效应：大气层中的气体会将地表辐射重新反射回地表，这种效应会增加地表温度。

热量：热量是能量的一种形式。气体吸收热量后会增加气体分子随机运动的速度。

热机：将热能转化成机械功的装置。一个热机至少需要两个温度不同的热源。根据卡诺的理论，即便是最高效的热机也会浪费一部分热能，这部分热能会被低温热源吸收。冰箱是反向工作的热机，它利用外界的能量将能量和熵从低温热源输送到高温热源。

氦气：一种无色、无味，超轻的单原子惰性气体。

焦耳：国际单位制中的能量单位。1焦耳＝千克×(米的平方／秒的平方)

动能：和物体运动相关的能量。

麦克斯韦妖：1867年，麦克斯韦在给数学家彼得·泰特的信件中构想出的生物。这个“小妖”是一个微小的智能生物。它可以通过观测并改变原子的结构来降低系统的熵，整个过程不需要额外吸收能量。麦克斯韦妖的存在挑战了热力学第二定律的有效性。

微观状态：在经典力学中，微观状态指的是所有粒子的位置和速度。在玻尔兹曼的理论中，热力学系统有一定的概率处于任一微观状态。

势能：物体由于静止处于某个特定位置而储存在物体里的能量。

压力：垂直施加在物体表面的一种力。对于理想气体，压力大小正比于粒子密度以及温度。

可充电电池：一种可以被充电、放电多次的电池。可充电电池被用于驱动电子设备、电动汽车和电网稳定器中。这种电池中有金属电极和电解质，它用化学物质储存电荷。

太阳能电池：将太阳能转化成电能的光伏技术。

快子：一种假想的超光速粒子。根据爱因斯坦的相对论，如果它可以和通常的物质发生相互作用，那么它会打破因果律并引发悖论，例如“你可以在你父亲出生之前将你的奶奶杀死”。多数物理学家不相信快子是真实存在的。

热力学：关于包含大量粒子的系统中的热量和能量的理论。热力学描述了宏观力学量的关系，例如压力、能量、温度和熵。

热力学第一定律：孤立系统的能量守恒。对于非孤立系统，系统能量的增加量等于外界对系统所做的功减去它向外界传递的热量。

热力学第二定律：孤立系统的熵只能增加。热力学第二定律有以下等价表述：

- （卡诺）热机的最大效率只和高低温两个热源的温度有关。
- （克劳修斯）热量永远不能从低温物体流向高温物体而不引起其他变化。
- （开尔文）你不可能通过把物体的温度降得比周围环境更低来获取机械功。

温度：温度可以被温度计测量，它衡量一个系统的冷热程度。在理想气体中，温度正比于气体原子的平均动能。最低的温度是绝对零度，也就是零下273摄氏度。

铀同位素：自然界中的铀原子具有三个质量值：铀238（99.3%），铀235（0.7%）和铀234（0.005%）。当铀235捕获一个慢中子，它会变成一个氪原子，一个钡原子和三个中子，这个过程就是原子裂变。原子裂变释放了大量的原子核结合能。至少需要7公斤的纯铀235才能引发链式反应，链式反应可以用来制造原子弹。

人物简传

本杰明·汤普森，拉姆福德爵士，1753–1814

一位出生于美国马萨诸塞州沃本的具有传奇色彩的发明家、物理学家。他是英国的拥护者并在美国独立战争期间来到英国。1798年，他发表了题为《论摩擦激起的热源》的论文，他通过将热量看作一种运动驳斥了热质说。他的想法最后演变成热力学第一定律。他娶了法国恐怖统治时期被砍头的著名化学家安托万·拉瓦锡的遗孀为妻。他发明了沿用至今的拉姆福德壁炉。

尼古拉·莱昂纳尔·萨迪·卡诺，1796–1832

萨迪·卡诺是拿破仑军队中的工程师兼物理学家。他的父亲是法国大革命军队的首领，他的侄子后来成了第三帝国的总统。今天，萨迪·卡诺被视为热力学的创始人。在他1824年发表的著作《论火的动力》中，他证明了热机的最大效率只和热源的温度有关。在他死后，埃米尔·克拉佩龙、鲁道夫·克劳修斯和开尔文爵士利用卡诺的理论建立了热力学第二定律。不幸的是，卡诺死于霍乱，他的大多数手稿都和他一起火化了。

詹姆斯·克拉克·麦克斯韦，1831–1879

麦克斯韦是苏格兰的一位数学物理学家，很多人认为他的影响力不亚于牛顿和爱因斯坦。他小时候就以好奇心强和数学天赋高而闻名。在他的文章《电磁波的数学理论》中，电和磁被麦克斯韦方程组统一起来，麦克斯韦方程组预言了电磁波的存在并且揭示了光的本质。麦克斯韦和路德维希·玻尔兹曼共同建立了气体的动力学理论。在一封给彼得·泰特的信中，麦克斯韦想象出了拥有智能的麦克斯韦妖并用它挑战热力学第二定律。

路德维希·玻尔兹曼，1844—1906

玻尔兹曼是奥地利哲学家、物理学家。他是统计力学的创始人之一，统计力学为热力学提供了数学和物理基础。玻尔兹曼关于能量和物质的原子学说被同时代的物理学家与哲学家所误解和抨击。这让玻尔兹曼感到焦虑和沮丧并最终导致了他的自杀。在他死后，他的理论被观测原子的实验证明是正确的，量子力学的诞生也从理论上证明了这一点。

理查德·费曼，1918—1988

费曼出生于美国纽约市皇后区，有着浓厚的布鲁克林口音和敏锐的幽默感。在他还上大学的时候，就入选了曼哈顿计划。后来，他与其他人分别建立了关于光的量子理论——量子电动力学，并因此分享了1965年的诺贝尔物理学奖。他还是量子信息学的先驱。他的物理学教材和著名的传记给他带来了巨大的声誉。

作者简介

阿萨·奥尔巴契（Assa Auerbach） 于1985年在美国纽约州立大学石溪分校获得凝聚态物理博士学位。现任以色列理工学院物理学教授，2016年至2018年，他还曾出任物理系主任。奥尔巴契致力于研究金属、磁性材料和超导体中的量子现象。他所著《相互作用电子和量子磁性》*(Interacting Electrons and Quantum Magnetism)* 一书作为物理系研究生的教材被广泛使用。奥尔巴契在知名物理杂志上已发表论文90余篇，在广播、电视以及世界各地的推广活动中，奥尔巴契曾多次公开发表关于热力学的演讲。

理查德·科多（Richard Codor） 一直用风趣幽默的笔触作画。多年来，他一直担任《克莱恩纽约商业周刊》和《纽约观察者报》的漫画编辑。他的插图曾在美国等多国的许多出版物上出版。其作品被刊登在《犹太幽默集锦》*(The Big Book of Jewish Humor)* 和以色列社会讽刺经典作品《埃雷茨动物园》*(Zoo Eretz Zoo)* 中。作为一个故事艺术家，理查德为电视节目和电影创作过素材。他还与妻子莱奥拉一起创作、写作、绘画并出版了常年畅销的卡通作品《欢乐的哈伽达》*(Joyous Haggadah)*。现在理查德在纽约布鲁克林区工作和生活。

致谢

我们特别感谢拉里·舒尔曼（Larry Schulman），他在早期的头脑风暴中让我们找到了用漫画解释熵的方法。我们同样感谢很多同事和朋友，一些人甚至让他们的家人来评论和分享笑话。另外，还要非常感谢丹·阿罗瓦斯（Dan Arovas）、丹尼尔·波多尔斯基（Daniel Podolsky）、尤西·艾夫伦（Yosi Avron）、阿米特·克伦（Amit Keren）、吉尔·德拉查克（Gil Drachuck）、雅里夫·卡弗里（Yariv Kafri）、多夫·莱文（Dov Levine）、埃里克·阿克曼（Eric Akkermans）、埃弗拉特·希姆肖尼（Efrat Shimshoni）、阿里·特纳（Ari Turner）、鲍里斯·夏皮罗（Boris Shapiro）、雷米·莫斯里（Remy Mosseri）、伯特兰·德拉莫特（Bertrand Delamotte）、基隆·马利克（Kirone Mallick）、大卫·斯洛（David Sloo）、纳达夫·谢弗（Nadav Sheffer）、乔尔·布拉齐尔（Joel Braziller）和伊娃·米泽（Eva Mizer）。

最后，最重要的是，感谢麦琪（Maggie）和莱奥拉（Liora）的建议、编辑和设计。他们对这本书的完成起到了至关重要的作用。